Bibliografische Information der Deutschen Nationalbibliothek:

Die Deutsche Bibliothek verzeichnet diese Publikation in der Deutschen National-
bibliografie; detaillierte bibliografische Daten sind im Internet über http://dnb.d-
nb.de/ abrufbar.

Impressum:

Copyright © 2016 GRIN Verlag, Open Publishing GmbH
Druck und Bindung: Books on Demand GmbH, Norderstedt Germany
ISBN: 9783668259621

Dieses Buch bei GRIN:

http://www.grin.com/de/e-book/336291/mathematik-fuer-studenten-teil-1

Uwe Sliwczuk

Mathematik für Studenten Teil 1

Aufgaben mit ausführlichen Lösungen für Studenten des ersten Semesters Physik, Chemie, Maschinenbau und Elektrotechnik

GRIN Verlag

Aufgaben zur „Mathevorlesung für Studenten der technischen Fachrichtungen Physik, Chemie, Maschinenbau und Elektrotechnik"

Teil 1

Durchgerechnete Aufgaben des ersten Fachsemesters

Vorwort

Glücklichen Studenten der Fachrichtungen Physik, Chemie, Maschinenbau und Elektrotechnik wird häufig eine auf das gewählte Studienfach *angepasste* mathematische Vorlesung angeboten. Üblicherweise handelt es sich bei dem jeweiligen Vorlesungsangebot („Mathematik für: Physiker" oder „Mathematik für Chemiker" usw.) um eine ungeliebte Serviceleistung des Faches „Mathematik", die auf das Wesentlichste eingedampft und gerade darum häufig nicht verständlich ist. Darüber hinaus müssen noch immer langweilige mathematische Beweise geführt werden. Warum, hat sich mir nie erschlossen. Wenn Fachleute, und dazu zähle ich Mathematiker, einen in der Fachwelt anerkannten mathematischen Beweis geführt haben, dann werde ich als mathematischer Laie diesen nicht anzweifeln. Ich habe immer an den „Bronstein" geglaubt und bin nie enttäuscht worden.

Vertiefte Kenntnisse dieser speziell angebotenen Mathematik bilden allerdings das Rüstzeug, um das Hauptstudium erfolgreich zu bestehen! Die Aufgaben zur Vorlesung sind, obwohl der mathematische Inhalt auf das Wesentlichste reduziert ist, durchaus anspruchsvoll. 40% der Physik-Studenten meines Jahrgangs haben ihr Studium aus genau diesem Grunde geschmissen. Einen ersten Eindruck erhält man beim Nachvollziehen der in diesem Büchlein zusammengestellten Aufgaben. Wer glaubt, dass diese Aufgaben zu schwierig sind, sollte kein technisches Studium beginnen. Das zweite Semester wird nicht leichter!

Die gute Nachricht ist, dass fast alle Ingenieure und Bachelor technischer Fachrichtungen im realen Berufsleben durchaus mit wenigen grundlegenden Kenntnissen mathematischer Verfahren auskommen. Sollte im Ausnahmefall mehr gefordert werden, ist in der Regel genug Zeit vorhanden, die benötigten mathematischen Kenntnisse aktuell und problembezogen zu aktualisieren.

Aber warum habe ich mir überhaupt die Mühe gemacht, diese Aufgaben zu rechnen und auch noch zu veröffentlichen? Im Internet sind doch für alle Aufgaben Lösungen zu finden!?

Nun, erstens stimmt das nicht, und wenn, dann wird häufig der Rechenweg nicht mitgeliefert. Genau darauf kommt es jedoch an. Schließlich sollen die Ergebnisse nicht nur abgeschrieben, sondern auch verstanden werden. Wer die Aufgaben verstehen möchte, sollte sich sein Vorlesungsskript oder wenigstens den „Bronstein" bzw. ein mathematisches Nachschlagewerk zurechtlegen.

Die Aufgabensammlung für das erste Semester musste ich aufgrund des Umfangs und der damit einhergehenden höheren Kosten in zwei Teile aufteilen. Während Teil 1 für Studenten mit Mathe-Leistungskurs eine Auffrischung und Ergänzung ihrer auf dem Gymnasium erworbenen Mathe-Kenntnisse vorfinden, ist der Teil 2 schon deutlich anspruchsvoller und könnte für das Studium eine wertvolle Zeitersparnis darstellen.

Nach jeder längeren Rechnung oder nach Beendigung eines Beweises habe ich ein ■-Zeichen angehängt, um die Übersicht zu erhöhen. Bei komplexen Formeln habe ich bei Multiplikationen explizit das *-Zeichen eingefügt. Die graphische Darstellung hat das Programm „Geo-Gebra" für mich übernommen. Als einzige Literaturstelle möchte ich meinen „Bronstein" erwähnen: Bronstein – Semendjajew: Taschenbuch der Mathematik. Verlag Harri Deutsch.

Das Ziel des ersten Semesters lautet: Übungsaufgaben rechtzeitig abgeben und die Klausuren bestehen! Und genau dafür habe ich dieses Skript zusammengestellt und hoffe, dass es hilft, einige (mathematische) Klippen zu überspringen und das Wunschstudium erfolgreich anzugehen.

Ich habe mich bemüht, das Skript fehlerfrei zu gestalten. Dass wird mir nicht gelungen sein. Daher kann weder vom Verlag noch vom Autor eine juristische Verantwortung sowie Haftung in irgendeiner Form für fehlerhafte Angaben und daraus entstandenen Folgen übernommen werden.

Analog dem großen Vorbild in der IT-Welt (Microsoft) lade ich alle Leser und Nutzer dieser Aufgaben- und Lösungensammlung ein, nach Fehlern zu suchen, einfachere oder kürzere, vielleicht auch nur didaktisch günstigere Lösungen zu finden und mir zu mailen an uwer-frank@querzeit.eu. Alle verwertbaren Zusendungen werden die nächste Auflage bereichern!

Vielen Dank dafür!

Dr. Uwe Sliwczuk, im Juni 2016

Nachsatz: Wer meint, dass dieses Skript zu abgehoben ist, dass die Aufgaben zu rechnen zuviel Zeit verschlingt oder ganz allgemein, dass Jemand, der solche Werke verfasst, einen „Hau" haben muss, sollte sich unbedingt das Buch „Querzeit" des Autoren Uwe R. Frank, ISBN: 978-3-8442-3263-9 bzw. als eBook: ISBN: 978-3-8442-3371-1 anschaffen.

Inhaltsverzeichnis

Blatt 1: Vollständige Induktion

Wir betrachten mathematische Aussagen $A_1, A_2, \ldots$ und beweisen:

1. A_1 ist gültig (Induktionsanfang)

2. Aus der Gültigkeit von A_n folgt die Gültigkeit von A_{n+1} für alle $n \in \mathbb{N}$.

Aufgabe 1: Beweisen Sie die Aussagen:

1a) $2^n > n$

1b) $1 + 2 + 3 + \cdots + n = \frac{1}{2}n(n+1)$

Lösung:

Zu 1a)

    i)   **Induktionsanfang**: Zeige, dass die Formel $2^n > n$ gilt für $n = 1$:

$$2^1 = 2 > 1$$

    ii)   **Induktionsbehauptung**: Die Formel $2^n > n$ gilt für alle $n \in \mathbb{N}$.

    iii)   **Induktionsschluss**: $2^{n+1} = 2 * 2^n = 2^n + 2^n > 2^n + n > n + 1\blacksquare$

         Denn $2^n > 1$ für alle $n \in \mathbb{N}$

Zu 1b)

    i)   **Induktionsanfang**: Zeige, dass die Formel $\frac{1}{2}n(n+1)$ gilt für $n = 1$:

$$1 = \frac{1}{2} * 1(1+1)$$

    ii)   **Induktionsbehauptung**: Die Formel $\frac{1}{2}n(n+1)$ gilt für alle $n \in \mathbb{N}$.

    iii)   **Induktionsschluss**: $1 + 2 + \cdots + n + (n+1) = \frac{1}{2}(n+1)(n+2)$

         Denn es gilt nach Induktionsbehauptung:

$$1 + 2 + \cdots + n + (n+1) = \frac{1}{2}n(n+1) + (n+1) = \frac{n(n+1)}{2} + \frac{2(n+1)}{2}$$

$$= \frac{n(n+1) + 2(n+1)}{2} = \frac{n^2 + n + 2n + 2}{2} = \frac{(n+1)(n+2)}{2}\blacksquare$$

Aufgabe 2:

Sei A_n die Aussage: Für $x \in [-1, \infty)$ gilt $(1 + x)^n \geq 1 + nx$

Lösung:

i)   **Induktionsanfang**: Zeige, dass die Formel $(1 + x)^n \geq 1 + nx$ gilt für $n = 1$:

$$n = 1: \quad (1 + x)^1 = 1 + x = 1 + 1x$$

ii) **Induktionsbehauptung**: Die Formel $(1 + x)^n \geq 1 + nx$ gilt für *alle* $n \in \mathbb{N}$.

iii) **Induktionsschluss**: $(1 + x)^{n+1} \geq 1 + (n + 1)x = 1 + x + nx$

$$(1 + x)^{n+1} = (1 + x)^n * (1 + x) > (1 + nx)(1 + x) = 1 + nx + x + x^2$$
$$\geq 1 + x + nx \blacksquare$$

Aufgabe 3:

Sei A_n die Aussage: Für $1 \neq q \in \mathbb{R}$ gilt:

$$\sum_{j=0}^{n} q^i = \frac{1 - q^{n+1}}{1 - q}$$

Lösung:

i)   **Induktionsanfang**: Zeige, dass die Formel

$$\sum_{j=0}^{n} q^i = \frac{1 - q^{n+1}}{1 - q}$$

gilt für $n = 0$:

$$q^0 = 1 = \frac{1 - q^1}{1 - q} = 1$$

ii) **Induktionsbehauptung**: Die Formel

$$\sum_{j=0}^{n} q^i = \frac{1 - q^{n+1}}{1 - q}$$

gilt für alle $n \in \mathbb{N}$.

7

iii)   **Induktionsschluss**:

$$\sum_{j=0}^{n+1} q^i = \sum_{j=0}^{n} q^i + q^{n+1} = \frac{1-q^{n+1}}{1-q} + q^{n+1}$$

$$= \frac{1-q^{n+1}}{1-q} + \frac{q^{n+1}(1-q)}{1-q} = \frac{1-q^{n+1}+q^{n+1}-q^{n+2}}{1-q} = \frac{1-q^{n+2}}{1-q} \blacksquare$$

Aufgabe 4

Sei A_n die Aussage: Für a,b $\in \mathbb{R}$ gilt:

$$(a+b)^n = \sum_{j=0}^{n} \binom{n}{j} a^{n-j} b^j$$

Lösung:

i)   **Induktionsanfang**: Zeige, dass die Formel

$$(a+b)^n = \sum_{j=0}^{n} \binom{n}{j} a^{n-j} b^j$$

gilt für $n = 0$:

$$(a+b)^0 = 1 = \sum_{j=0}^{0} \binom{0}{0} a^{0-0} b^0 = \frac{0!}{0!\,(0-0)!} \, 1*1 = 1$$

ii)   **Induktionsbehauptung**: Die Formel

$$(a+b)^n = \sum_{j=0}^{n} \binom{n}{j} a^{n-j} b^j$$

gilt für alle $n \in \mathbb{N}$.

iii)   **Induktionsschluss**:

$$(a+b)^{n+1} = (a+b)^n(a+b) = \left(\sum_{j=0}^{n} \binom{n}{j} a^{n+1-j} b^j \right) * (a+b)$$

$$= a\left(\sum_{j=0}^{n} \binom{n}{j} a^{n-j} b^j\right) + b\left(\sum_{j=0}^{n} \binom{n}{j} a^{n-j} b^j\right)$$

$$= \sum_{j=0}^{n} \binom{n}{j} a^{n-j+1} b^j + \sum_{j=0}^{n} \binom{n}{j} a^{n-j} b^{j+1}$$

Trick: a^{n+1} **und** b^{n+1} **herausziehen und umnummerieren:**

$$= a^{n+1} + \sum_{j=1}^{n} \binom{n}{j} a^{n-j+1} b^j + b^{n+1} + \sum_{j=1}^{n} \binom{n}{j-1} a^{n-j+1} b^j.$$

$$= a^{n+1} + \sum_{j=1}^{n} \binom{n}{j} a^{n-j+1} b^j + \sum_{j=1}^{n} \binom{n}{j-1} a^{n-j+1} b^j + b^{n+1}.$$

$$= a^{n+1} + \sum_{j=1}^{n} \binom{n+1}{j} a^{n-j+1} b^j + b^{n+1}.$$

Mit der Identität:

$$\binom{n+1}{0} = \binom{n+1}{n+1} = 1$$

und Verwendung der Formel:

$$\binom{n}{j} + \binom{n}{j-1} = \binom{n+1}{j}$$

folgt:

$$(a+b)^{n+1} = \binom{n+1}{0} a^{n+1} + \sum_{j=1}^{n} \binom{n+1}{j} a^{n-j+1} b^j + \binom{n+1}{n+1} b^{n+1}$$

$$(a+b)^{n+1} = \sum_{j=0}^{n} \binom{n+1}{j} a^{n-j+1} b^j \quad\blacksquare$$

Anmerkung: Diese Umformungen sind tatsächlich etwas „tricki" und nicht sofort einsichtig. Mein Vorschlag: Einfach ein paar Zahlen einsetzen und überprüfen, ob die Zwischenschritte stimmen.

Sei $z = x + iy = r(\cos(\alpha) + i\sin(\alpha))$ $(|z| \neq 0, x, y \in \mathbb{R})$, $r = |z|$

Sei $\alpha_0 = Arg z (-\pi < \alpha_0 \leq \pi)$. Dann heißt: $\alpha = \alpha_0 \pm n2\pi$ $(n \in \mathbb{N})$ Winkel von z und ist bis auf Vielfache von 2π bestimmt durch „modulo 2π", α_0 heißt sein *Hauptwert*.

Per Definition sei: $\sin(\alpha) := \frac{y}{r}$, $\cos(\alpha) := \frac{x}{r}$.

Aufgabe 1: Drehung.

1a) Drehen Sie jeden Vektor (x, y) um einen Winkel β mit $-\pi < \beta \leq \pi$ entgegen dem Uhrzeigersinn und machen Sie für den gedrehten Vektor (x_β, y_β) den Ansatz

$$x_\beta = ax + by$$

$$y_\beta = cx + dy.$$

Bestimmen Sie die Koeffizienten a, b, c, d, indem Sie für x, y spezielle Werte einsetzen. Zeigen Sie damit, dass

$$a = \cos(\beta), b = -\sin(\beta), c = \sin(\beta), d = \cos(\beta).$$

Lösung:

Zu 1a)

$$x_\beta = ax + by$$

$$y_\beta = cx + dy.$$

Setze $r_1 = (1,0)$. Daraus folgt der Betrag von r_1: $|r| = \sqrt{1^2 + 0^2} = 1$.

Aufgrund der Wahl von r_1 ($x = 1$ und $y = 0$) folgt:

$$\boldsymbol{x_{\beta_1}} = ax + by = a * 1 + b * 0 = \boldsymbol{a} \text{ und}$$

$$\boldsymbol{y_{\beta_1}} = cx + dy = c * 1 + d * 0 = \boldsymbol{c}.$$

Per Definition gilt: $\cos\beta := \frac{x}{r} \Leftrightarrow x = r\cos(\beta)$ und $\sin(\beta) := \frac{y}{r} \Leftrightarrow y = r\sin(\beta)$.

Wir verwenden die soeben hergeleiteten Beziehungen:

10

Mit $x = r\cos(\beta)$ folgt für

$$x_{\beta_1}: a = r\cos(\beta_1).$$

Zusammen mit $|r| = 1$ folgt die erste Teillösung:

$$a = \cos(\beta_1).$$

Mit $y = r\sin(\beta)$ folgt für

$$y_{\beta_1}: c = r\sin(\beta_1).$$

Zusammen mit $|r| = 1$ folgt die zweite Teillösung:

$$c = \sin(\beta_1).$$

Setze $r_2 = (0, 1)$. Daraus folgt der Betrag von r_2: $|r| = \sqrt{0^2 + 1^2} = 1$.

Aufgrund der Wahl von r_2 ($x = 0$ und $y = 1$) folgt:

$$x_{\beta_2} = ax + by = a * 0 + b * 1 = \boldsymbol{b} \text{ und}$$

$$y_{\beta_2} = cx + dy = c * 0 + d * 1 = \boldsymbol{d}.$$

Per Definition gilt: $\cos\beta := \frac{x}{r} \Leftrightarrow x = r\cos(\beta)$ und $\sin(\beta) := \frac{y}{r} \Leftrightarrow y = r\sin(\beta)$

Wir verwenden die Gleichungen für x_{β_2} und y_{β_2}:

Mit $x = r\cos(\beta)$ folgt

$$x_{\beta_2}: b = r\cos(\beta_2).$$

Zusammen mit $|r| = 1$ folgt die dritte Teillösung:

$$b = \cos(\beta_2).$$

Mit $y = r\sin(\beta)$ folgt

$$y_{\beta_2}: d = r\sin(\beta_2).$$

Zusammen mit $|r| = 1$ folgt die vierte Teillösung:

$$d = \sin(\beta_2).$$

Außerdem gilt aufgrund der Wahl von r_1 und r_2 die Gleichheit: $\beta_2 = \beta_1 - \frac{\pi}{2}$.

$$b = \cos(\beta_2) = \cos\left(\beta_1 - \frac{\pi}{2}\right) = -\sin(\beta_1).$$

$$d = \sin(\beta_2) = \sin\left(\beta_1 - \frac{\pi}{2}\right) = \cos(\beta_1).$$

Damit folgt das Endergebnis:

$$a = \cos(\beta_1); b = -\sin(\beta_1); \ c = sin(\beta_1) \text{ und } d = \cos(\beta_1) \blacksquare$$

1b) Sei jetzt: $z = x + iy, z_\beta = x_\beta + iy_\beta$. Rechnen Sie nach, dass gilt:

$$z_\beta = (\cos(\beta) + isin(\beta))z.$$

Suchen Sie β so, dass $z_\beta = iz$ gilt.

Lösung:

Setze $\beta = 90°$. Oben eingesetzt folgt:

$$z_\beta = \big(\cos(\beta) + isin(\beta)\big)z = (0 + i)z = iz.$$

Aus Aufgabe 1a) folgt:

$$x_\beta = \cos(\beta)\, x - \sin(\beta)\, y$$

$$y_\beta = \sin(\beta)\, x + \cos(\beta)y$$

Folglich:

$$z_\beta = \cos(\beta)\, x - \sin(\beta)\, y + i(\sin(\beta)\, x + \cos(\beta)\, y)$$

$$\Leftrightarrow z_\beta = (\cos(\beta) + i(\sin(\beta))\, x - i\,(sin(\beta) - icos(\beta))y.$$

Setze: $\beta = 90°$:

$$z_{\beta=90°} = (\cos(90°) + i(\sin(90°))\, x - i\,(sin(90°) - icos(90°))y$$

$$z_{\beta=90°} = (1 + 0)x - (0 - i)y = x - iy.$$

Insgesamt folgt mit $z = x + iy$:

$$\Leftrightarrow z_\beta = \cos(\beta)x + i\cos(\beta)\, y + i\sin(\beta)\, x - \sin(\beta)\, y$$

$$= (\cos(\beta)x + i\sin(\beta))(x + iy)$$

$$z_\beta = (\cos(\beta)x + i\sin(\beta))z \blacksquare$$

1c) Drehen Sie z zuerst um α, dann um β, und drehen Sie z um $\alpha + \beta$.

Schließen Sie auf

$$\big(\cos(\alpha + \beta) + i\sin(\alpha + \beta)\big)z = (\cos(\beta) + i\sin(\beta))(\cos(\alpha) + i\sin(\alpha))$$

und auf die Additionstheoreme:

$$\sin(\alpha + \beta) = \sin(\alpha)\cos(\beta) + \cos(\alpha)\sin(\beta)$$

$$\cos(\alpha + \beta) = \cos(\alpha)\cos(\beta) - \sin(\alpha)\sin(\beta).$$

Lösung:

Drehe z um α:

$$z_\alpha = \big(\cos(\alpha) + i\sin(\alpha)\big)z$$

Drehe z_α um β:

$$z_{\beta(\alpha)} = \big(\cos(\alpha) + i\sin(\alpha)\big)(\cos(\beta) + i\sin(\beta))z$$

$$z_{\beta(\alpha)} = (\cos(\alpha)\cos(\beta) - \sin(\alpha)\sin(\beta) + i(\cos(\alpha)\sin(\beta) + \sin(\alpha)\cos(\beta))z.$$

Andererseits ist

$$z_{\alpha+\beta} = (\cos(\alpha + \beta) + i\sin(\alpha + \beta))z = z_{\beta(\alpha)}.$$

Durch Vergleich folgt:

$$\cos(\alpha + \beta) = \cos(\alpha)\cos(\beta) - \sin(\alpha)\sin(\beta) \text{ und}$$

$$\sin(\alpha + \beta) = \cos(\alpha)\sin(\beta) + \sin(\alpha)\cos(\beta) \blacksquare$$

Additionstheoreme

Aufgabe 2: Beachten Sie (Skizze):

$$\sin(0) = 0; \cos(0) = 1$$

$$\sin(\frac{\pi}{2}) = 1; \cos(\pi) = -1$$

$$\sin(-\alpha) = -\sin(\alpha); \cos(-\alpha) = \cos(\alpha)$$

und schließen Sie unter Verwendung der Additionstheoreme auf nachfolgende Formeln:

$$a)\ sin^2(\alpha) + cos^2(\alpha) = 1,$$

$$b)\ cos^2(\alpha) - sin^2(\alpha) = 2\cos(\alpha),$$

$$c)\ \sin(2\alpha) = 2\sin(\alpha)\cos(\alpha),$$

$$d)\ \sin(\alpha)\sin(\beta) = (\cos(\alpha - \beta) - \cos(\alpha + \beta))/2,$$

$$e)\ \sin(\alpha)\cos(\beta) = (\sin(\alpha + \beta) + \sin(\alpha - \beta))/2,$$

$$f)\ \cos(\alpha)\cos(\beta) = (\cos(\alpha + \beta) + \cos(\alpha - \beta))/2,$$

$$g)\ \cos(3\alpha) = cos^3(\alpha) - 3\cos(\alpha)\,sin^2(\alpha),$$

$$h)\ \sin(3\alpha) = -sin^3(\alpha) + 3\sin(\alpha)\,cos^2(\alpha),$$

$$i)\ (\cos(\alpha) + isin(\alpha))^3 = \cos(3\alpha) + isin(3\alpha),$$

$$j)\ \sin(\alpha + 2\pi) = \sin(\alpha),$$

$$k)\ \cos(\alpha + 2\pi) = \cos(\alpha).$$

Zu 2) Skizze

$y = \sin(x)$

$y = cos(x)$

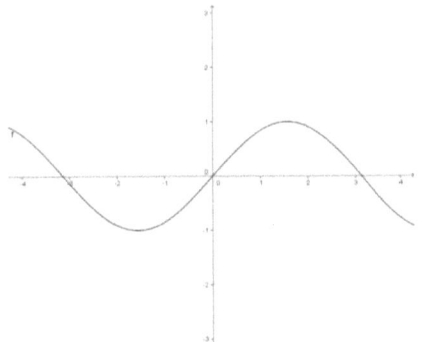

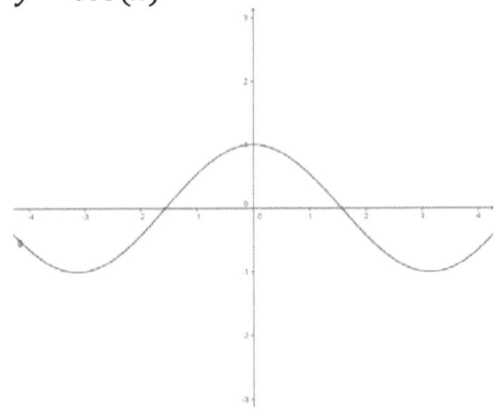

Aufgabe 2a): Zeige mit Hilfe der Additionstheoreme, dass gilt:

$$sin^2(\alpha) + cos^2(\alpha) = 1$$

Lösung: Setze in die Additionstheoreme:

$$\sin(\alpha + \beta) = \cos(\alpha)\sin(\beta) + \sin(\alpha)\cos(\beta) \text{ und}$$

$$\cos(\alpha + \beta) = \cos(\alpha)\cos(\beta) - \sin(\alpha)\sin(\beta)$$

den Spezialfall $\alpha = -\beta$ ein:

$$\Rightarrow \cos(0) = \cos(\alpha)\cos(-\alpha) - \sin(\alpha)\sin(-\alpha)$$

Mit: $\sin(-\alpha) = -sin(\alpha), cos(\alpha = cos(-\alpha)$ und $\cos(0) = 1$ folgt direkt:

$$1 = cos^2(\alpha) + sin^2(\alpha) \blacksquare$$

Aufgabe 2b: Zeige, dass:

$$\cos(2\alpha) = cos^2(\alpha) - sin^2(\alpha)$$

Lösung: Setze in das Additionstheorem:

$$\cos(\alpha + \beta) = \cos(\alpha)\cos(\beta) - \sin(\alpha)\sin(\beta)$$

den Spezialfall $\alpha = \beta$ ein:

$$\Rightarrow \cos(\alpha + \alpha) = \cos(2\alpha) = \cos(\alpha)\cos(\alpha) - \sin(\alpha)\sin(\alpha) = cos^2(\alpha) - sin^2(\alpha) \blacksquare$$

Aufgabe 2c: Zeige, dass:

$$\sin(2\alpha) = 2\sin(\alpha)\cos(\alpha)$$

Lösung: Setze in das Additionstheorem:

$$\sin(\alpha + \beta) = \cos(\alpha)\sin(\beta) + \sin(\alpha)\cos(\beta)$$

den Spezialfall $\alpha = \beta$ ein:

$$\Rightarrow \sin(\alpha + \alpha) = \cos(\alpha)\sin(\alpha) + \sin(\alpha)\cos(\alpha) = 2\sin(\alpha)\cos(\alpha) \ \blacksquare$$

Aufgabe 2d: Zeige, dass:

$$\sin(\alpha)\sin(\beta) = \frac{\cos(\alpha - \beta) - \cos(\alpha + \beta)}{2}$$

Lösung: Verwende das Additionstheorem:

$$\cos(\alpha + \beta) = \cos(\alpha)\cos(\beta) - \sin(\alpha)\sin(\beta) \ \text{und}$$

Setze: $\beta \to -\beta$

$$\cos(\alpha - \beta) = \cos(\alpha)\cos(-\beta) - \sin(\alpha)\sin(-\beta) = \cos(\alpha)\cos(\beta) + \sin(\alpha)\sin(\beta)$$

Subtraktion ergibt:

$$\cos(\alpha - \beta) - \cos(\alpha + \beta) = \cos(\alpha)\cos(\beta) + \sin(\alpha)\sin(\beta) - (\cos(\alpha)\cos(\beta) - \sin(\alpha)\sin(\beta))$$

$$\cos(\alpha - \beta) - \cos(\alpha + \beta) = \sin(\alpha)\sin(\beta) + \sin(\alpha)\sin(\beta) = 2\sin(\alpha)\sin(\beta) \ \text{bzw:}$$

$$\sin(\alpha)\sin(\beta)) = (cos(\alpha - \beta) - \cos(\alpha + \beta))/2 \ \blacksquare$$

Aufgabe 2e: Zeige, dass:

$$\sin(\alpha)\cos(\beta) = \frac{\sin(\alpha + \beta) + \sin(\alpha - \beta)}{2}$$

Lösung: Verwende das Additionstheorem:

$$\sin(\alpha + \beta) = \cos(\alpha)\sin(\beta) + \sin(\alpha)\cos(\beta).$$

Setze: $\beta \to -\beta$

$$\sin(\alpha - \beta) = \cos(\alpha)\sin(-\beta) + \sin(\alpha)\cos(-\beta) = -\cos(\alpha)\sin(\beta) + \sin(\alpha)\cos(\beta).$$

Addition ergibt:

$$\sin(\alpha + \beta) + \sin(\alpha - \beta)$$

$$= \cos(\alpha)\sin(\beta) + \sin(\alpha)\cos(\beta) + (-\cos(\alpha)\sin(\beta) + \sin(\alpha)\cos(\beta))$$

$$\sin(\alpha + \beta) + \sin(\alpha - \beta) = 2\sin(\alpha)\cos(\beta) \text{ bzw.}$$

$$\sin(\alpha)\cos(\beta) = (\sin(\alpha + \beta) + \sin(\alpha - \beta))/2 \blacksquare$$

Aufgabe 2f: Zeige, dass:

$$\cos(\alpha)\cos(\beta) = \frac{\cos(\alpha + \beta) + \cos(\alpha - \beta)}{2}$$

Lösung: Verwende das Additionstheorem:

$$\cos(\alpha + \beta) = \cos(\alpha)\cos(\beta) - \sin(\alpha)\sin(\beta).$$

Setze: $\boldsymbol{\beta \to -\beta}$

$$\cos(\alpha - \beta) = \cos(\alpha)\cos(-\beta) - \sin(\alpha)\sin(-\beta) = \cos(\alpha)\cos(\beta) + \sin(\alpha)\sin(\beta).$$

Addition ergibt:

$$\cos(\alpha + \beta) + \cos(\alpha - \beta)$$

$$= \cos(\alpha)\cos(\beta) - \sin(\alpha)\sin(\beta) + \cos(\alpha)\cos(\beta) + \sin(\alpha)\sin(\beta)$$

$$\cos(\alpha + \beta) + \cos(\alpha - \beta) = 2\cos(\alpha)\cos(\beta) \text{ bzw.}$$

$$\cos(\alpha)\cos(\beta) = (\cos(\alpha + \beta) + \cos(\alpha - \beta))/2 \blacksquare$$

Aufgabe 2g: Zeige, dass:

$$\cos(3\alpha) = \cos^3(\alpha) - 3\cos(\alpha)\sin^2(\alpha)$$

Lösung: Mit der Umformung: $\cos(3\alpha) = \cos(2\alpha + \alpha)$ und den Additionstheoremen

$$\cos(\alpha + \beta) = \cos(\alpha)\cos(\beta) - \sin(\alpha)\sin(\beta) \text{ und}$$

$$\sin(\alpha + \beta) = \cos(\alpha)\sin(\beta) + \sin(\alpha)\cos(\beta)$$

folgt:

$$\cos(2\alpha + \alpha) = \cos(2\alpha)\cos(\alpha) - \sin(2\alpha)\sin(\alpha)$$

$$= (\cos(\alpha)\cos(\alpha) - \sin(\alpha)\sin(\alpha))\cos(\alpha) - (\cos(\alpha)\sin(\beta) + \sin(\alpha)\cos(\beta))\sin(\alpha).$$

Ausmultiplizieren ergibt:

$$\cos(3\alpha) = cos^3(\alpha) - \cos(\alpha)\,sin^2(\alpha) - 2\cos(\alpha)\,sin^2(\alpha) \text{ bzw.}$$

$$\cos(3\alpha) = cos^3(\alpha) - 3\cos(\alpha)\,sin^2(\alpha)\;\blacksquare$$

Aufgabe 2h: Zeige, dass:

$$\sin(3\alpha) = -sin^3(\alpha) + 3\sin(\alpha)\,cos^2(\alpha)$$

Lösung: Forme *um:* $\sin(3\alpha) = \sin(2\alpha + \alpha)$

Mit:

$$\sin(2\alpha + \alpha) = \cos(2\alpha)\sin(\alpha) + \sin(2\alpha)\cos(\alpha)$$

$$= (\cos(\alpha)\cos(\alpha) - \sin(\alpha)\sin(\alpha))\sin(\alpha) + (\cos(\alpha)\sin(\alpha) + \sin(\alpha)\cos(\alpha))\cos(\alpha).$$

$$= cos^2(\alpha)\sin(\alpha) - sin^3(\alpha) + 2cos^2(\alpha)\sin(\alpha)$$

$$\sin(3\alpha) = -sin^3(\alpha) + 3cos^2(\alpha)\sin(\alpha)\;\blacksquare$$

Aufgabe 2i: Zeige, dass:

$$(\cos(\alpha) + isin(\alpha))^3 = \cos(3\alpha) + isin(3\alpha).$$

Lösung: Ausmultiplizieren.

$$(\cos(\alpha) + isin(\alpha))^3 = cos^3(\alpha) + 3cos^2(\alpha)isin(\alpha) + 3\cos(\alpha)(isin(\alpha))^2 + (isin(\alpha))^3.$$

$$= cos^3(\alpha) + 3cos^2(\alpha)isin(\alpha) - 3\cos(\alpha)sin^2(\alpha) - isin^3(\alpha)$$

Mit den früheren Lösungen:

$$\cos(3\alpha) = cos^3(\alpha) - 3\cos(\alpha)\,sin^2(\alpha) \text{ und } \sin(3\alpha) = -sin^3(\alpha) + 3\sin(\alpha)\,cos^2(\alpha)$$

wird identifiziert:

$$cos^3(\alpha) - 3cos(\alpha)sin^2(\alpha) = \cos(3\alpha);$$

$$-isin^3(\alpha) + 3cos^2(\alpha)isin(\alpha) = i\left(-isin^3(\alpha) + 3cos^2(\alpha)sin(\alpha)\right) = isin(3\alpha)$$

$$\Rightarrow (\cos(\alpha) + isin(\alpha))^3 = \cos(3\alpha) + isin(3\alpha)\;\blacksquare$$

Aufgabe 2j: Zeige, dass:

$$\sin(\alpha + 2\pi) = \sin(\alpha)$$

Lösung: Verwendung von $\sin(\alpha + \beta) = \cos(\alpha)\sin(\beta) + \sin(\alpha)\cos(\beta)$ mit $\beta = 2\pi$.

$$\sin(\alpha + 2\pi) = \cos(\alpha)\sin(2\pi) + \sin(\alpha)\cos(2\pi)$$

$$= \cos(\alpha)\,(\sin(\pi + \pi)) + \sin(\alpha)(\cos(\pi + \pi)).$$

Mit: $\sin(\alpha + \beta) = \cos(\alpha)\sin(\beta) + \sin(\alpha)\cos(\beta)$ *und* $\alpha, \beta = \pi$ folgt:

$$\sin(\pi + \pi) = \cos(\pi)\sin(\pi) + \sin(\pi)\cos(\pi) = 1 * \sin(\pi) - 1 * \sin(\pi) = 0$$

$$\text{und } \cos(\pi + \pi) = \cos(\pi)\cos(\pi) - \sin(\pi)\sin(\pi) = (-1)(-1) - 0 = 1$$

folgt:

$$\sin(\alpha + 2\pi) = \cos(\alpha) * 0 + \sin(\alpha)\cos(2\pi) = \sin(\alpha)\blacksquare$$

Aufgabe 2k: Zeige, dass:

$$\cos(\alpha + 2\pi) = \cos(\alpha)$$

Lösung: Verwendung von $\cos(\alpha + \beta) = \cos(\alpha)\cos(\beta) - \sin(\alpha)\sin(\beta)$.

Setze $\beta = \pi + \pi$

$$\cos(\alpha + 2\pi) = \cos(\alpha)\cos(2\pi) - \sin(\alpha)\sin(2\pi) =.$$

Mit

$$\cos(2\pi) = 1; \sin(2\pi) = 0$$

folgt:

$$\cos(\alpha + 2\pi) = \cos(\alpha) * 1 - \sin(\alpha) * 0 = \cos(\alpha)\blacksquare$$

Blatt 3: Polynome

Seien die Polynome P und Q wie folgt definiert ($n = grad\ P\ \geq m = grad\ Q \geq 1$):

$$P(x) = a_n x^n + a_{n-1} x^{n-1} + \cdots + a_1 x + a_0 \text{ und } Q(x) = b_n x^n + b_{n-1} x^{n-1} + \cdots + b_1 x + b_0.$$

Dann gilt: $\frac{P(z)}{Q(x)} = M(x) + \frac{R(z)}{Q(x)}, grad\ R < grad\ Q$ mit Polynomen M und R.

Beweis: Ziehen Sie von $P(x)$ ein Polynom der Form $ax^{n-m} Q(x)\ so\ ab, dass\ a_n x^n$ wegfällt.
Dann ziehen Sie ein Polynom der Form $bx^{n-1-m} Q(x)$ so ab, dass der Term mit x^{n-1} wegfällt, usw. Sie können auch $z \in \mathbb{C}$ statt $x \in \mathbb{R}$ zulassen.

Aufgabe 1:

Berechnen Sie $M(z)\ und\ R(x)$ in den folgenden Fällen:

1a) $P(x) = 3x^4 + x^3 + 2x^2 + x + 3,\quad Q(x) = x^3 + 4x^2 + 4x + 2.$

Lösung: Division der Polynome:

$(3x^4 + x^3 + 2x^2 + x + 3) : (x^3 + 4x^2 + 4x + 2) = (3x - 11) + \frac{34x^2 + 39x + 25}{x^3 + 4x^2 + 4x + 2}$

$\underline{-(3x^4 + 12x^3 + 12x^2 + 6x)}$

$\quad\quad -11x^3 - 10x^2 - 5x + 3$

$\quad\quad \underline{-(-11x^3 - 44x^2 - 44x - 22)}$

$\quad\quad\quad\quad 34x^2 + 39x + 25$

Ergebnis: $M(x) = (3x - 11); R(x) = \frac{34x^2 + 39x + 25}{x^3 + 4x^2 + 4x + 2}$

1b) $P(x) = x^3 - 5x^2 + 8x - 4,\quad Q(x) = x - 1$

Lösung:

$(x^3 - 5x^2 + 8x - 4) : (x - 1) = (x^2 - 4x + 4)$

$\underline{-(x^3 - x^2)}$

$\quad\quad -4x^2 + 8x$

$\quad\quad \underline{-(-4x^2 + 4x)}$

$\quad\quad\quad\quad 4x - 4$

$\quad\quad\quad\quad \underline{\quad 4x - 4}$

$\quad\quad\quad\quad\quad\quad\quad 0$

Ergebnis: $M(x) = (x^2 - 4x + 4); R(x) = 0$

1c) $P(x) = x^6 - 1, \quad Q(x) = x - 1$

Lösung:

$(x^6 - 1) : (x - 1) = x^5 + x^4 + x^3 + x^2 + x + 1$
$\underline{-(x^6 - x^5)}$
$\qquad x^5 + 0$
$\qquad \underline{-(x^5 - x^4)}$
$\qquad\qquad x^4 + 0$
$\qquad\qquad \underline{-(x^4 - x^3)}$
$\qquad\qquad\qquad x^3 + 0$
$\qquad\qquad\qquad \underline{-(x^3 - x^2)}$
$\qquad\qquad\qquad\qquad x^2 + 0$
$\qquad\qquad\qquad\qquad \underline{-(x^2 - x)}$
$\qquad\qquad\qquad\qquad\qquad x - 1$
$\qquad\qquad\qquad\qquad\qquad \underline{x - 1}$
$\qquad\qquad\qquad\qquad\qquad\qquad 0$

Ergebnis: $M(x) = (x^5 + x^4 + x^3 + x^2 + x + 1); R(x) = 0$

1d) $P(x) = z^4 - 1, \quad Q(z) = z^2 - 1$

Lösung:

$(z^4 - 1) : (z^2 - 1) = z^2 + 1$
$\underline{-(z^4 - z^2)}$
$\qquad z^2 - 1$
$\qquad \underline{-(z^2 - 1)}$
$\qquad\qquad 0$

Ergebnis: $M(z) = (z^2 + 1); R(x) = 0$

Aufgabe 2:

Seien $p, q \in \mathbb{R}$ und sei $P: z \longmapsto P(z) = z^2 + pz + q$ ein Polynom zweiten Grades

(*grad P =2*).

2a) Stellen Sie eine Formel für die Lösungen $z_1, z_2 \in \mathbb{C}$ der Gleichung

$z^2 + pz + q = 0$ auf. Unterscheiden Sie die Fälle: $p^2 - 4q = 0$ und $p^2 - 4q < 0$

Lösung:

Zu bestimmen: Formel zur Lösung der Gleichung $z^2 + pz + q = 0$

$$\text{Es gilt: } p^2 - 4q = 0 \Leftrightarrow p^2 = 4q \Leftrightarrow \frac{p^2}{4} = q.$$

Eingesetzt in obige Gleichung:

$$z^2 + pz + \frac{p^2}{4} = 0 \Leftrightarrow (z + \frac{p}{2})^2 = 0$$

$$\Rightarrow \pm\sqrt{(z + \frac{p}{2})^2} = 0 \Leftrightarrow \pm(z + \frac{p}{2})^2 = 0 \Rightarrow z + \frac{p}{2} = 0$$

$$\Rightarrow z = -\frac{p}{2} \blacksquare$$

Ausgehend von der allgemeinen Form: $z^2 + pz + q = 0$ folgt durch Umformung:

$$z^2 + pz = -q.$$

Durch Multiplikation mit „4" und quadratischer Ergänzung von p^2 folgt:

$$4z^2 + 4pz + p^2 = p^2 - 4q \Leftrightarrow (2z)^2 + 4pz + p^2 = p^2 - 4q.$$

Umformen mit binomischer Formel:

$$(2z + p)^2 = p^2 - 4q \Leftrightarrow 2z + p = \pm\sqrt{p^2 - 4q}$$

Daraus folgt die Endformel: $2z = -p \pm \sqrt{p^2 - 4q}$ bzw.:

$$z = -\frac{p}{2} \pm \sqrt{\frac{p^2}{4} - q}.$$

22

2b) Rechnen Sie nach, dass gilt:

$$p = -z_1 - z_2, q = z_1 * z_2, P(z) = (z - z_1)(z - z_2)$$

Es gilt: $p = -z_1 - z_2; q = z_1 z_2; P(z) = (z - z_1)(z - z_2)$.

Lösung:

Setze alle Werte in die Gleichung $P(z) = z^2 + pz + q$ ein:

$$P(z) = z^2 + z(-z_1 - z_2) + z_1 * z_2 = z^2 - zz_1 - zz_2 + z_1 z_2$$

$$P(z) = (z - z_1)(z - z_2) \blacksquare$$

2c) Rechnen Sie nach, dass

$$P(z) = (z + \frac{p}{2})^2 \text{ im Falle } p^2 - 4q = 0 \text{ und } z_1 = \bar{z}_2 \text{ im Falle } p^2 - 4q < 0$$

Lösung:

Fall 1: $p^2 - 4q = 0$

Ausgangsgleichung ist $P(z) = z^2 + pz + q$. **Wie in 2a) bereits gezeigt, gilt:**

$$p^2 - 4q = 0 \Leftrightarrow p^2 = 4q \Leftrightarrow \frac{p^2}{4} = q.$$

Eingesetzt in die Ausgangsgleichung: $P(z)$ **folgt:**

$$P(z) = z^2 + pz + \frac{p^2}{4} = (z + \frac{p}{2})^2 \blacksquare$$

Fall 2: $z_1 = \overline{z_2}$ **für den Fall, dass** $p^2 - 4q < 0$.

Per Definition gilt: $z = x + iy$ und $\bar{z} = x - iy$.

Mit

$$z_{1,2} = -\frac{p}{2} \pm \sqrt{\frac{p^2}{4} - q}$$

folgt

$$z_1 = -\frac{p}{2} + i\sqrt{\frac{p^2}{4} - q}; z_2 = -\frac{p}{2} - i\sqrt{\frac{p^2}{4} - q}\blacksquare$$

Linearfaktorenzerlegung und Partialbruchzerlegung

Aufgabe 3

Suchen Sie die Lösungen $z_1, z_2, z_3 \in \mathbb{C}$ der Gleichung: $z^3 - 1 = 0$, die voneinander verschieden sind.

a) Linearfaktorenzerlegung: Zeigen Sie, dass für alle $z \in \mathbb{C}$:

$$z^3 - 1 = (z - z_1)(z - z_2)(z - z_3)$$

b) Partialbruchzerlegung: Suchen Sie die Zahlen A_1, A_2, A_3 so, dass

$$\frac{1}{z^3 - 1} = \frac{A_1}{z - z_1} + \frac{A_2}{z - z_2} + \frac{A_3}{z - z_3}$$

gilt für alle $z \in \mathbb{C}$ *mit* $z \neq z_1, z_2, z_3$

Lösung:

Aus der Aufgabenstellung $z^3 - 1 = 0$ folgt zunächst sofort: $z_1 = 1$.

Probe: $(1^3 - 1) = (1 - 1) = 0$.

Mittels Polynomdivision folgen die beiden anderen Lösungen:

$$
\begin{array}{l}
(z^3 - 1) : (z - 1) = z^2 + z + 1 \\
\underline{-(z^3 - z^2)} \\
\qquad z^2 + 0 \\
\qquad \underline{-(z^2 - z)} \\
\qquad\qquad z - 1 \\
\qquad\qquad \underline{z - 1} \\
\qquad\qquad\qquad 0
\end{array}
$$

Anwendung der Formel $z^2 + pz + q = 0$, und daraus: $p = 1, q = 1$.

E gilt: $p^2 - 4q = 1 - 4 < 0$.

Lösung mittels p, q-Formel (aus vorheriger Aufgabe): $z_{2,3} = -\frac{p}{2} \pm \sqrt{\frac{p^2}{4} - q}$.

$$z_2 = -\frac{p}{2} + \sqrt{\frac{p^2}{4} - q}; \; z_3 = -\frac{p}{2} - \sqrt{\frac{p^2}{4} - q}$$

Berechne: $(z - 1)\left(z - \left(-\frac{p}{2} + \sqrt{\frac{p^2}{4} - q}\right)\right)\left(z - \left(-\frac{p}{2} - \sqrt{\frac{p^2}{4} - q}\right)\right)$

1. Teillösung: $\left(z - \left(-\frac{p}{2} + \sqrt{\frac{p^2}{4} - q}\right)\right)\left(z - \left(-\frac{p}{2} - \sqrt{\frac{p^2}{4} - q}\right)\right) =$

$$z^2 - z\left(\left(-\frac{p}{2} + \sqrt{\frac{p^2}{4} - q}\right) + \left(-\frac{p}{2} - \sqrt{\frac{p^2}{4} - q}\right)\right) + \left(-\frac{p}{2} + \sqrt{\frac{p^2}{4} - q}\right)\left(-\frac{p}{2} - \sqrt{\frac{p^2}{4} - q}\right)$$

$$= z^2 - z(-p) + \left(\frac{p^2}{4} - \frac{p^2}{4} + q\right) = z^2 + pz + q = z^2 + z + 1 \text{ mit } p = q = 1.$$

Lösung: $(z - 1)(z^2 + z + 1) = (z^3 - z^2 + z^2 - z + z - 1) = (z^3 - 1)$

Also: $z^3 - 1 = (z - z_1)(z - z_2)(z - z_3)\; \blacksquare$

b) Lösung der Aufgabe:

$$\frac{1}{z^3 - 1} = \frac{1}{(z - z_{1)}(z - z_{2)}(z - z_3)}$$

durch Partialbruchzerlegung:

$$\frac{1}{z^3 - 1} = \frac{A_1}{z - z_1} + \frac{A_2}{z - z_2} + \frac{A_3}{z - z_3}$$

$$1 = A_1(z - z_2)(z - z_3) + A_2(z - z_1)(z - z_3) + A_3(z - z_1)(z - z_2)$$

$$= A_1(z^2 - z(z_2 + z_3) + z_2z_3) + A_2(z^2 - z(z_1 + z_3) + z_1z_3) + A_3(z^2 - z(z_1 + z_2) + z_1z_2)$$

$$= z^2(A_1 + A_2 + A_3) - z\big(A_1(z_2 + z_3) + A_2(z_1 + z_3) + A_3(z_1 + z_2)\big) + A_1z_2z_3 + A_2z_1z_3$$
$$+ A_3z_1z_2$$

Koeffizientenvergleich z^2, z^1, z^0:

$$0 = A_1 + A_2 + A_3$$

$$0 = -(z_2 + z_3)A_1 + (z_1 + z_3)A_2 + A_3(z_1 + z_2)$$

$$1 = A_1 z_2 z_3 + A_2 z_1 z_3 + A_3 z_1 z_2.$$

Lösung dieses Gleichungssystems durch Anwendung der Cramerschen Regel:

$$(D) = \begin{pmatrix} 1 & 1 & 1 \\ z_2 + z_3 & z_1 + z_3 & z_1 + z_2 \\ z_2 z_3 & z_1 z_3 & z_1 z_2 \end{pmatrix} \begin{vmatrix} 0 \\ 0 \\ 1 \end{vmatrix}$$

Berechnung der Determinante D von (D):

$$D = (z_1 + z_3)\, z_1 z_2 + (z_1 + z_2)\, z_2 z_3 + (z_2 + z_3)\, z_1 z_3$$

$$-(z_1 + z_3)\, z_2 z_3 - (z_1 + z_2)\, z_1 z_3 - (z_2 + z_3) z_1 z_2$$

$$D = z_1^2 z_2 + z_1 z_2 z_3 + z_1 z_2 z_3 + z_2^2 z_3 + z_1 z_2 z_3 + z_3^2 z_1 - z_1 z_2 z_3 - z_3^2 z_2 - z_1 z_2 z_3 - z_1^2 z_3$$

$$- z_1 z_2 z_3$$

$$D = z_1^2 (z_2 - z_3) + z_2^2 (z_3 - z_1) + z_3^2 (z_1 - z_2).$$

Berechnung der A_1, A_2, A_3:

$$A_1 = \frac{D_1}{D}; \ A_2 = \frac{D_2}{D}; \ A_3 = \frac{D_3}{D}$$

$$D_1 = \begin{vmatrix} 0 & 1 & 1 \\ 0 & z_1 + z_3 & z_1 + z_2 \\ 1 & z_1 z_3 & z_1 z_2 \end{vmatrix} = 0 + z_1 + z_2 + 0 - z_1 - z_3 - 0 - 0 = z_2 - z_3$$

$$D_2 = \begin{vmatrix} 1 & 0 & 1 \\ z_2 + z_3 & 0 & z_1 + z_2 \\ z_2 z_3 & 1 & z_1 z_2 \end{vmatrix} = z_2 + z_3 - z_1 - z_2 = z_3 - z_1$$

$$D_3 = \begin{vmatrix} 1 & 1 & 0 \\ z_2 + z_3 & z_1 + z_3 & 0 \\ z_2 z_3 & z_1 z_3 & 1 \end{vmatrix} = z_1 + z_3 - z_2 - z_3 = z_1 - z_2$$

$$\Rightarrow A_1 = \frac{D_1}{D} = \frac{z_2 - z_3}{z_1^2 (z_2 - z_3) + z_2^2 (z_3 - z_1) + z_3^2 (z_1 - z_2)}$$

$$\Rightarrow A_2 = \frac{D_2}{D} = \frac{z_3 - z_1}{z_1^2 (z_2 - z_3) + z_2^2 (z_3 - z_1) + z_3^2 (z_1 - z_2)}$$

$$\Rightarrow A_3 = \frac{D_3}{D} = \frac{z_1 - z_2}{z_1^2(z_2 - z_3) + z_2^2(z_3 - z_1) + z_3^2(z_1 - z_2)}$$

Aus 3a) sind die Lösungen zur Aufgabe $z^3 - 1$ bekannt:

$$z_1 = 1;$$

$$z_2 = -\frac{1}{2} + \sqrt{\frac{1^2}{4} - 1} = -\frac{1}{2} + \frac{i\sqrt{3}}{2}; z_3 = -\frac{1}{2} - \frac{i\sqrt{3}}{2}$$

Eingesetzt in D, A_1, A_2, A_3:

Nebenrechnung:

$$z_1^2(z_2 - z_3) = 1\left(-\frac{1}{2} + \frac{i\sqrt{3}}{2}\right) - 1\left(-\frac{1}{2} - \frac{i\sqrt{3}}{2}\right) = \frac{i\sqrt{3}}{2} + \frac{i\sqrt{3}}{2} = i\sqrt{3}.$$

$$z_2^2(z_3 - z_1) = \left(\left(-\frac{1}{2} + \frac{i\sqrt{3}}{2}\right)\left(-\frac{1}{2} + \frac{i\sqrt{3}}{2}\right)\right)(z_3 - z_1)$$

wobei:

$$z_3 - z_1 = -\frac{3}{2} - \frac{i\sqrt{3}}{2}$$

$$= \left(\frac{1}{4} - \frac{i\sqrt{3}}{2} - \frac{3}{4}\right)\left(-\frac{3}{2} - \frac{i\sqrt{3}}{2}\right) = \left(-\frac{1}{2} - \frac{i\sqrt{3}}{2}\right)\left(-\frac{3}{2} - \frac{i\sqrt{3}}{2}\right)$$

$$= +\frac{3}{4} - \frac{i\sqrt{3}}{4} + \frac{3i\sqrt{3}}{4} + \left(-\frac{3}{4}\right) = \frac{i\sqrt{3}}{2}.$$

$$z_3^2(z_1 - z_2) = \left(-\frac{1}{2} - \frac{i\sqrt{3}}{2}\right)\left(-\frac{1}{2} - \frac{i\sqrt{3}}{2}\right)\left(1 - \left(-\frac{1}{2} + \frac{i\sqrt{3}}{2}\right)\right)$$

$$= \left(\frac{1}{4} + \frac{i\sqrt{3}}{2} - \frac{3}{4}\right)\left(1 + \left(\frac{1}{2} - \frac{i\sqrt{3}}{2}\right)\right) = \left(-\frac{1}{2} + \frac{i\sqrt{3}}{2}\right)\left(\frac{3}{2} - \frac{i\sqrt{3}}{2}\right)$$

$$z_3^2(z_1 - z_2) = -\frac{3}{4} + \frac{i\sqrt{3}}{4} + \frac{3i\sqrt{3}}{4} - \left(-\frac{3}{4}\right) = i\sqrt{3}.$$

Summierung aller drei Terme ergibt:

$$D = i\sqrt{3} + \frac{i\sqrt{3}}{2} + i\sqrt{3} = \frac{5i\sqrt{3}}{2}.$$

$$A_1 = \frac{D_1}{D} = \frac{z_2 - z_3}{\frac{5i\sqrt{3}}{2}} = \frac{-\frac{1}{2} + \frac{i\sqrt{3}}{2} - (-\frac{1}{2} - \frac{i\sqrt{3}}{2})}{\frac{5i\sqrt{3}}{2}} = \frac{i\sqrt{3}}{\frac{5i\sqrt{3}}{2}} = \frac{2}{5}$$

$$A_1 = \frac{2}{5}$$

$$A_2 = \frac{D_2}{D} = \frac{z_3 - z_1}{\frac{5i\sqrt{3}}{2}} = \frac{\left(-\frac{1}{2} - \frac{i\sqrt{3}}{2}\right) - 1}{\frac{5i\sqrt{3}}{2}} = \frac{-\frac{3}{2} - \frac{i\sqrt{3}}{2}}{\frac{5i\sqrt{3}}{2}} = -\frac{(3 - i\sqrt{3})}{5i\sqrt{3}} = -\frac{1}{5} + \frac{3}{5i\sqrt{3}}$$

$$A_2 = \frac{1}{5}(-1 + i\sqrt{3})$$

$$A_3 = \frac{D_3}{D} = \frac{z_1 - z_2}{\frac{5i\sqrt{3}}{2}} = \frac{1 - (-\frac{1}{2} + \frac{i\sqrt{3}}{2})}{\frac{5i\sqrt{3}}{2}} = \frac{\frac{3}{2} - \frac{i\sqrt{3}}{2}}{\frac{5i\sqrt{3}}{2}} = \frac{1}{5} - \frac{3}{5i\sqrt{3}}$$

$$A_3 = \frac{1}{5}(1 - i\sqrt{3})$$

$$\Rightarrow \frac{1}{z^3 - 1} = \frac{1}{(z - z_1)(z - z_2)(z - z_3)} = \frac{\frac{2}{5}}{z - 1} + \frac{\frac{1}{5}(-1 + i\sqrt{3})}{z - (-\frac{1}{2} + \frac{i\sqrt{3}}{2})} + \frac{\frac{1}{5}(1 - i\sqrt{3})}{z - (-\frac{1}{2} - \frac{i\sqrt{3}}{2})}$$

$$\frac{1}{z^3 - 1} = \frac{2}{5}\left(\frac{1}{z - 1}\right) - \frac{1}{5}\left(\frac{1 - i\sqrt{3})}{z + \frac{1}{2} - \frac{i\sqrt{3}}{2}}\right) + \frac{1}{5}\left(\frac{(1 - i\sqrt{3})}{z + \frac{1}{2} + \frac{i\sqrt{3}}{2}}\right)$$

Aufgabe 4: Suchen Sie Lösungen $z_1, z_2, z_3, z_4 \in \mathbb{C}$ der Gleichung: $z^4 - 1 = 0$, die voneinander verschieden sind.

a) Zeigen Sie, das für alle $z \in \mathbb{C}$ gilt:

$$z^4 - 1 = (z - z_1)(z - z_2)(z - z_3)(z - z_4).$$

b) Partialbruchzerlegung: suchen Sie die Zahlen A_1, A_2, A_3, A_4 so, dass

$$\frac{1}{z^3 - 1} = \frac{A_1}{z - z_1} + \frac{A_2}{z - z_2} + \frac{A_3}{z - z_3} + \frac{A_4}{z - z_4}$$

gilt für alle $z \in \mathbb{C}$ *mit* $z \neq z_1, z_2, z_3$.

Lösung:

4a) Aus $z^4 - 1 = 0$ folgen sofort die Lösungen: $z_{1,2} = \pm 1$

Probe: $1^4 - 1 = 1 - 1 = 0$ und $(-1)^4 - 1 = 1 - 1 = 0$.

Um $z_{3,4}$ zu berechnen, bietet sich wieder die Polynomdivision an:

$$(z^4 - 1) : (z - 1) = z^3 + z^2 + z + 1$$
$$\underline{-(z^4 - z^3)}$$
$$\qquad z^3 - 0$$
$$\qquad \underline{-(z^3 - z^2)}$$
$$\qquad\qquad z^2 - 0$$
$$\qquad\qquad \underline{-(z^2 - z)}$$
$$\qquad\qquad\qquad z - 1$$
$$\qquad\qquad\qquad \underline{-(z - 1)}$$
$$\qquad\qquad\qquad\qquad 0$$

$$(z^3 + z^2 + z + 1) : (z + 1) = z^2 + 1$$
$$\underline{-(z^3 + z^2)}$$
$$\qquad 0 + z + 1$$
$$\qquad \underline{-(z + 1)}$$
$$\qquad\qquad 0$$

Aus $(z^2 + 1)$ folgen sofort die beiden anderen Lösungen: $z_{3,4} = \pm i$.

Probe: $(i^2 + 1) = (-1 + 1) = 0$ und $((-i)^2 + 1) = (-1 + 1) = 0$.

$$\Rightarrow z^4 - 1 = (z - 1)(z + 1)(z - i)(z + i) = (z^2 - 1)(z^2 + 1) = (z^4 - 1)\blacksquare$$

4b) Partialbruchzerlegung. Bestimme die Koeffizienten A_1, A_2, A_3, A_4

$$\frac{1}{z^3 - 1} = \frac{A_1}{z - z_1} + \frac{A_2}{z - z_2} + \frac{A_3}{z - z_3} + \frac{A_4}{z - z_4}$$

Lösung: Ganz analog der Aufgabe 3:

$$\frac{1}{z^4 - 1} = \frac{A_1}{z - 1} + \frac{A_2}{z + 1} + \frac{A_3}{z - i} + \frac{A_4}{z + i}$$

Ausmultiplizieren. Beachte, dass gilt: $(z + 1)(z - 1) = z^2 - 1; (z + i)(z - i) = z^2 + 1$

$$1 = A_1(z + 1)(z - i)(z + i) + A_2(z - 1)(z - i)(z + i) + A_3(z + 1)(z - 1)(z + i)$$
$$+ A_4(z + 1)(z - 1)(z - i)$$

$$1 = A_1(z + 1)(z^2 + 1) + A_2(z - 1)(z^2 + 1) + A_3(z^2 - 1)(z + i) + A_4(z^2 - 1)(z - i)$$

$$1 = A_1(z^3 + z^2 + z + 1) + A_2(z^3 - z^2 + z - 1) + A_3(z^3 + iz^2 - z - i) +$$

$$+ A_4(z^3 - iz^2 - z + i)$$

Koeffizientenvergleich:

$$z^3: 0 = A_1 + A_2 + A_3 + A_4$$

$$z^2: 0 = A_1 - A_2 + iA_3 - iA_4$$

$$z^1: 0 = A_1 + A_2 - A_3 - A_4$$

$$z^0: 1 = A_1 - A_2 - iA_3 + iA_4$$

$$\begin{pmatrix} 1 & 1 & 1 & 1 \\ 1 & -1 & i & -i \\ 1 & 1 & -1 & -1 \\ 1 & -1 & -i & i \end{pmatrix} \begin{pmatrix} A_1 \\ A_2 \\ A_3 \\ A_4 \end{pmatrix} = \begin{pmatrix} 0 \\ 0 \\ 0 \\ 1 \end{pmatrix}$$

$$Rg \begin{pmatrix} 1 & 1 & 1 & 1 & 0 \\ \mathbf{1} & \mathbf{-1} & i & \mathbf{-i} & 0 \\ 1 & 1 & -1 & -1 & 0 \\ \mathbf{1} & \mathbf{-1} & \mathbf{-i} & \mathbf{i} & \mathbf{1} \end{pmatrix} = Rg \begin{pmatrix} 1 & 1 & 1 & 1 & 0 \\ 1 & -1 & i & -i & 0 \\ 1 & 1 & -1 & -1 & 0 \\ 2 & -2 & 0 & 0 & 1 \end{pmatrix} =$$

$$Rg \begin{pmatrix} 1 & 1 & 1 & 1 & 0 \\ 0 & -2 & i-1 & -i-1 & 0 \\ 0 & 0 & -2 & -2 & 0 \\ 2 & -2 & 0 & 0 & 1 \end{pmatrix} = Rg \begin{pmatrix} 1 & 1 & 1 & 1 & 0 \\ 0 & -2 & i-1 & -i-1 & 0 \\ 0 & 0 & -2 & -2 & 0 \\ 0 & -4 & -2 & -2 & 1 \end{pmatrix} =$$

$$Rg \begin{pmatrix} 1 & 1 & 1 & 1 & 0 \\ 0 & -2 & i-1 & -i-1 & 0 \\ 0 & 0 & -2 & -2 & 0 \\ 0 & -4 & 0 & 0 & 1 \end{pmatrix}$$

Daraus folgt:

$$A_1 + A_2 + A_3 + A_4 = 0$$

$$0 - 2A_2 + (i-1)A_3 - (i+1)A_4 = 0$$

$$0 + 0 - A_3 - A_4 = 0$$

$$0 - 4A_2 + 0 + 0 = 1$$

$$\Rightarrow A_3 = -A_4$$

$$\Rightarrow A_2 = -\frac{1}{4}$$

$$\Rightarrow -2A_2 + (i-1)A_3 - (i+1)A_4 = 0. \text{ Mit } A_3 = -A_4 \text{ und } A_2 = -\frac{1}{4} \text{ folgt::}$$

$$\Rightarrow \frac{1}{2} - (i-1)A_4 - (i+1)A_4 = \frac{1}{2} - iA_4 + A_4 - iA_4 - A_4 = \frac{1}{2} - 2iA_4 = 0$$

$$\Rightarrow 2iA_4 = \frac{1}{2} \Leftrightarrow A_4 = \frac{1}{4i}$$

$$\Rightarrow A_3 = -\frac{1}{4i}$$

$$\Rightarrow A_1 = -A_2 - A_3 - A_4 = \frac{1}{4} + \frac{1}{4i} - \frac{1}{4i}$$

$$A_1 = \frac{1}{4}$$

$$A_1 = \frac{1}{4}; \ A_2 = -\frac{1}{4}; \ A_3 = -\frac{1}{4i}; \ A_4 = \frac{1}{4i}$$

Mit der Relation: $\frac{1}{i} = -i$ **folgt dann das Endergebnis:**

$$\frac{1}{z^4 - 1} = \frac{1}{4}\left(\frac{1}{z-1} - \frac{1}{z+1} + \frac{i}{z-i} - \frac{i}{z+i}\right) \blacksquare$$

Probe:

$$\frac{1}{4}\left(\frac{1}{z-1} - \frac{1}{z+1} + \frac{i}{z-i} - \frac{i}{z+i}\right) = \frac{1}{4}\left(\frac{z+1-(z-1)}{(z-1)(z+1)} + \frac{i(z+i) - (i(z-i)}{(z-i)(z+i)}\right)$$

$$= \frac{1}{4}\left(\frac{2}{(z^2-1)} - \frac{-2}{(z^2+1)}\right) = \frac{1}{4}\left(\frac{2(z^2+1) - 2i(z^2-1)}{(z^4-1)}\right) = \frac{1}{4}\left(\frac{4}{(z^4-1)}\right) = \frac{1}{z^4-1} \blacksquare$$

Blatt 4: Grenzwertbetrachtungen

Rechenregeln für Folgen:

Seien $a, b, c \in \mathbb{C}$ und seien $(a_n), (b_n)$ komplexe Folgen mit $a = \lim_{n \to \infty} a_n$; $b = \lim_{n \to \infty} b_n$. Dann gilt:

$$a \pm b = \lim_{n \to \infty}(a_n \pm b_n, \; a * b = \lim_{n \to \infty}(a_n * b_n, \; c \pm a = \lim_{n \to \infty}(c \pm a_n), c * a = \lim_{n \to \infty}(c * a_n)$$

$$c : b = \lim_{n \to \infty}(c : b_n), \; a : b = \lim_{n \to \infty}(a_n : b_n) \, f\ddot{u}r \, b_n \neq 0 \, f\ddot{u}r \, alle \, n \in \mathbb{N} \, und \, b \neq 0.$$

$$|a| = \lim_{n \to \infty}|a_n|, \; a = \lim_{n \to \infty} a_{n+1}, \; a = \lim_{j \to \infty} a_{n_j}$$

wobei $\left(a_{n_1}, a_{n_2}, \dots\right)$ eine Teilfolge von $(a_1, a_2, \dots)$ ist.

Falls (a_n) reell, monoton wachsend (oder fallend) und nach oben (bzw. unten) beschränkt ist, so folgt:

$$\sup a_n = \lim_{n \to \infty} a_n \; \text{bzw.} \; \inf a_n = \lim_{n \to \infty} a_n$$

Aufgabe 1:

Verwenden Sie $0 = \lim_{n \to \infty}\left(\frac{1}{n}\right)$; $0 = \lim_{n \to \infty} q^n$ $(0 \leq q < 1)$ und berechnen Sie mit diesen Regeln folgende Grenzwerte:

a) $\lim_{n \to \infty}\left(\frac{1}{n^2}\right)$; b) $\lim_{n \to \infty}\left(\frac{n+1}{n}\right)$; c) $\lim_{n \to \infty}\left(\frac{n^2 + 2n}{n^2}\right)$; d) $\lim_{n \to \infty}\left(\frac{1 - q^{n+1}}{1 - q}\right)$;

e) $\lim_{n \to \infty}\left(\frac{2n^2}{4n^2 + 3}\right)$; f) $\lim_{n \to \infty}\left(\frac{2n}{5n + 6}\right)$; g) $\lim_{n \to \infty}\left(\frac{2n^2 + 3n + 5}{n^2 + 4n + 7}\right)$; h) $\lim_{n \to \infty} \sum_{j=0}^{n} q^j$;

Lösung:

$Zu\ a)$ $\lim_{n \to \infty}\left(\frac{1}{n^2}\right) = \lim_{n \to \infty}\left(\frac{1}{n} * \frac{1}{n}\right) = \lim_{n \to \infty}\left(\frac{1}{n}\right) * \lim_{n \to \infty}\left(\frac{1}{n}\right) = 0 * 0 = 0.$

$Zu\ b)$ $\lim_{n \to \infty}\left(\frac{n+1}{n}\right) = \lim_{n \to \infty}\left(\frac{n}{n} + \frac{1}{n}\right) = \lim_{n \to \infty}(1) + \lim_{n \to \infty}\left(\frac{1}{n}\right) = 1 + 0 = 1.$

Zu c) $\lim\limits_{n \to \infty} \left(\frac{n^2 + 2n}{n^2} \right) = \lim_{n \to \infty} \left(\frac{n^2}{n^2} \right) + \lim_{n \to \infty} \left(\frac{2n}{n^2} \right) = \lim_{n \to \infty} (1) + \lim_{n \to \infty} \left(\frac{2}{n} \right) = 1 + 0 = 1.$

Zu d) $\lim\limits_{n \to \infty} \left(\frac{1 - q^{n+1}}{1 - q} \right) = \lim\limits_{n \to \infty} \left(\frac{1 - q^n * q}{1 - q} \right) = \frac{1}{1 - q} \lim\limits_{n \to \infty} (1 - q^n * q)$

$= \frac{1}{1 - q} \lim\limits_{n \to \infty} (1) - \frac{1}{1 - q} \lim\limits_{n \to \infty} (q^n * q) = \frac{1}{1 - q} - \frac{q}{1 - q} \lim\limits_{n \to \infty} (q^n) = \frac{1}{1 - q} - 0 = \frac{1}{1 - q}.$

Zu e) $\lim\limits_{n \to \infty} \left(\frac{2n^2}{4n^2 + 3} \right) = \lim\limits_{n \to \infty} \left(\frac{2}{4 + \dfrac{3}{n^2}} \right) = \frac{2}{4 + \lim\limits_{n \to \infty} \dfrac{3}{n^2}} = \frac{2}{4 + 0} = \frac{1}{2}.$

Zu f) $\lim\limits_{n \to \infty} \left(\frac{2n}{5n + 6} \right) = \lim\limits_{n \to \infty} \left(\frac{2}{5 + \dfrac{6}{n}} \right) = \frac{2}{5 + \lim\limits_{n \to \infty} \dfrac{6}{n}} = \frac{2}{5 + 0} = \frac{2}{5}.$

Zu g) $\lim\limits_{n \to \infty} \left(\frac{2n^2 + 3n + 5}{n^2 + 4n + 7} \right) = \lim\limits_{n \to \infty} \left(\frac{2 + \dfrac{3}{n} + \dfrac{5}{n^2}}{1 + \dfrac{4}{n} + \dfrac{7}{n^2}} \right) = \frac{2}{1} = 2$

Zu h) $\lim\limits_{n \to \infty} \sum\limits_{j=0}^{n} q^j = \lim\limits_{n \to \infty} \left(\frac{1 - q^{n+1}}{1 - q} \right) = \frac{1}{1 - q}$

Dabei wurde ausgenutzt, dass

$$\sum_{j=0}^{n} (q^j) = \frac{1 - q^{n+1}}{1 - q}$$

und

$$\lim_{n \to \infty} \left(\frac{1 - q^{n+1}}{1 - q} \right) = \frac{1}{1 - q}$$

Aufgabe 2:

Schließen Sie mit den Rechenregeln aus Aufgabe 1 auf:

$0 = \lim\limits_{n \to \infty} \left(\frac{1}{n} \right)$ und $0 = \lim\limits_{n \to \infty} q^n \ (0 \le q < 1)$

Lösung:

Aus $\lim_{n\to\infty}\left(\frac{n+1}{n}\right) = \lim_{n\to\infty}\left(1+\frac{1}{n}\right) = 1 + \lim_{n\to\infty}\left(\frac{1}{n}\right) = 1$

Folgt:

$$\lim_{n\to\infty}\left(\frac{1}{n}\right) = 0 \blacksquare$$

Aus

$$\lim_{n\to\infty}\left(\frac{1-q^{n+1}}{1-q}\right) = \frac{1}{1-q}(\lim_{n\to\infty}(1-q^{n+1})) = \frac{1}{1-q}\lim_{n\to\infty}(1) - \frac{1}{1-q}(q\lim_{n\to\infty}(q^{n+1}))$$

$$= \frac{1}{1-q}$$

Folgt:

$$\lim_{n\to\infty}(q^n) = 0 \ (0 \le q < 1) \blacksquare$$

Aufgabe 3:

Führen Sie für die Regeln

a) $a + b = \lim_{n\to\infty}(a_n + b_n)$;

b) $c * a = \lim_{n\to\infty}(c * a_n)$ und

einen mathematisch exakten Beweis.

Lösung:

3a) Zu beweisen: $a + b = \lim_{n\to\infty}(a_n + b_n)$

a_n lässt sich schreiben als ein $a + \alpha_n$, wobei α_n unendlich klein sei. Analog lässt sich b_n schreiben als ein $b+\beta_n$, wobei β_n unendlich klein sei.

$$\Rightarrow a_n + b_n \longrightarrow a + b.$$

Nun wird der Grenzübergang gebildet:

$$\lim_{n\to\infty}(a_n + b_n) = a + b = \lim_{n\to\infty}(a_n) + \lim_{n\to\infty}(b_n) \blacksquare$$

3b) Zu beweisen: $c * a = \lim\limits_{n \to \infty}(c * a_n)$.

Setze: $a_n = a + \alpha_n$, wobei α_n eine unendlich kleine Größe sein soll.

$$\Rightarrow c * a_n = c * a + c * \alpha_n.$$

Nun wird der Grenzübergang gebildet:

Weil $a_n \longrightarrow a$ strebt, strebt $c * a_n$ folglich gegen $c * a$.

$$\lim\limits_{n \to \infty}(c * a_n) = c * a \blacksquare$$

Aufgabe 4:

Sei $(a_n)_{n=0,1,\dots}$ eine komplexe Folge mit $a_n \neq 0$ für alle $n \in \mathbb{N}_0$. Es gelte $\left|\frac{a_{n+1}}{a_n}\right| \leq \delta < 1$ für alle $n \in \mathbb{N}_0$ und ein festes $0 \leq \delta < 1$. Zeigen Sie, dass folgendes gilt:

a) $|a_n| \leq \delta^n |a_0|$ für alle $n \in \mathbb{N}_0$.

b) $\sum_{j=0}^{n} |a_j| \leq |a_0|(\frac{1-\delta^{n+1}}{1-\delta}) \leq (\frac{|a_0|}{1-\delta})$ für alle $n \in \mathbb{N}_0$.

c) $\lim\limits_{n \to \infty} \sum_{j=0}^{n} |a_j| = \sup \sum_{j=0}^{n} |a_j| \leq (\frac{|a_0|}{1-\delta})$ für alle $n \in \mathbb{N}_0$.

Lösung:

Es gelte $\left|\frac{a_{n+1}}{a_n}\right| \leq \delta < (\frac{|a_0|}{1-\delta})$ für alle $n \in \mathbb{N}_0$ und ein festes $0 \leq \delta < 1$.

4a) Zu zeigen: $|a_n| \leq \delta^n |a_0|$ für alle $n \in \mathbb{N}_0$.

Aus $\left|\frac{a_{n+1}}{a_n}\right| \leq \delta \Rightarrow |a_{n+1}| \leq \delta |a_n|$. Deshalb gilt auch: $|a_n| \leq \delta |a_{n-1}|$; $|a_{n-1}| \leq \delta |a_{n-2}|$; ...

$$\Rightarrow |a_n| \leq \delta |a_{n-1}| = \delta * \delta |a_{n-2}| = \delta^2 |a_{n-2}| \leq \cdots \leq \delta^n |a_0| \blacksquare$$

4b) Zu zeigen:

$\sum_{j=0}^{n} |a_j| \leq |a_0|(\frac{1-\delta^{n+1}}{1-\delta}) \leq \frac{|a_0|}{1-\delta}$ für alle $n \in \mathbb{N}_0$.

Lösung:

Aus 4a) folgt:

$$\sum_{j=0}^{n} |a_j| \leq \sum_{j=0}^{n} \delta^n |a_0| = |a_0| \sum_{j=0}^{n} \delta^n = |a_0| \frac{1 - \delta^{n+1}}{1 - \delta}$$

Andererseits gilt:

$$1 - \delta^{n+1} \leq 1 \text{ für alle } \delta, \, 0 \leq \delta < 1.$$

Daraus folgt sofort:

$$\sum_{j=0}^{n} |a_j| \leq |a_0| \sum_{j=0}^{n} \delta^n \leq |a_0| \frac{1 - \delta^{n+1}}{1 - \delta} \leq |a_0| \frac{1}{1 - \delta} = \frac{|a_0|}{1 - \delta} \blacksquare$$

4c) Zu zeigen: $\lim\limits_{n \to \infty} \sum_{j=0}^{n} |a_j| = sup \, \sum_{j=0}^{n} |a_j| \leq \left(\frac{|a_0|}{1-\delta}\right)$ **für alle** $n \in \mathbb{N}_0$.

Lösung:

Per Definition gilt: $\lim\limits_{n \to \infty} (a_n) = \sup(a_n)$.

$$\Rightarrow \lim_{n \to \infty} \left(\sum_{j=0}^{n} |a_j| \right) = \sup_n \left(\sum_{j=0}^{n} |a_j| \right).$$

Andererseits folgt aus 4c:

$$\sum_{j=0}^{n} |a_j| \leq \frac{|a_0|}{1 - \delta}$$

$$\Rightarrow \lim_{n \to \infty} \left(\sum_{j=0}^{n} |a_j| \right) \leq \lim_{n \to \infty} \left(|a_0| \frac{1 - \delta^{n+1}}{1 - \delta} \right) = \frac{|a_0|}{1 - \delta} \lim_{n \to \infty} (1 - \delta^{n+1})$$

$$= \frac{|a_0|}{1 - \delta} \left(\lim_{n \to \infty}(1) - (\lim_{n \to \infty} \delta^{n+1}) \right) = \frac{|a_0|}{1 - \delta} (1 - 0) = \frac{|a_0|}{1 - \delta} \blacksquare$$

Blatt 5: Reihenkonvergenzen

Durch Abbrechen der Dezimaldarstellung $\alpha = \pm \sum_{j=0}^{\infty} a_{k-j} 10^{k-j}$ erhält man die Folge

$(\alpha)_N := \sum_{j=0}^{N} a_{k-j} 10^{k-j}$. Die allgemeine Potenz a^{α} mit Grundzahl $\alpha > 0$ und $\alpha \in \mathbb{R}$ wird

definiert durch $a^{\alpha} := \lim_{N \to \infty} a^{\alpha N}$. Dann gelten für alle $a, b > 0$ und $\alpha, \beta \in \mathbb{R}$ die Rechenregeln:

$$a^{\alpha + \beta} = a^{\alpha} a^{\beta}, \ (a^{\alpha})^{\beta} = a^{\alpha \beta}, \ (ab)^{\alpha} = a^{\alpha} b^{\alpha}.$$

Aufgabe 1: Beweisen Sie mit dem Quotientenkriterium die absolute Konvergenz folgender Reihenentwicklungen (Vorsicht; Falle!):

a) $\sum_{n=1}^{\infty} \left(\frac{n!}{n^n}\right)$, b) $\sum_{n=1}^{\infty} \left(\frac{n^k}{2^n}\right)$, c) $\sum_{n=1}^{\infty} \left(\frac{n!}{k^n}\right)$, mit beliebigem $k \in \mathbb{N}$,

d) $\sum_{j=1}^{\infty} \left(\frac{z^j}{j!}\right)$, e) $\sum_{j=0}^{\infty} (-1)^j \frac{z^{2j}}{(2j)!}$, f) $\sum_{j=0}^{\infty} (-1)^j \frac{z^{2j+1}}{(2j+1)!}$, für beliebiges $z \in \mathbb{C}$,

g) $\sum_{j=0}^{\infty} (-1)^j \frac{z^{j+1}}{j+1}$, h) $\sum_{j=0}^{\infty} \binom{\beta}{j} z^j$, für $z \in \mathbb{C}$ mit $|z| < 1, \beta \in \mathbb{R}$.

(Verwenden Sie: $\lim_{n \to \infty} \left(1 + \frac{1}{n}\right) = e = 2,71828 \ldots$ und $\binom{\beta}{j} = \frac{\beta(\beta - 1) \ldots (\beta - j + 1)}{j!}$).

Eine Reihe u_n konvergiert, wenn $\frac{u_n}{u_{n-1}}$ von einem gewissen n an der Ungleichung

$\frac{u_n}{u_{n-1}} \leq q < 1$ genügt, wobei $q \neq q(n)$.

Lösung

$$\boldsymbol{Zu\ 1a)} \sum_{n=1}^{\infty} \left(\frac{n!}{n^n}\right) = \frac{1}{1} + \frac{2}{4} + \frac{6}{27} + \cdots + \frac{(n+1)!}{(n+1)^{(n+1)}} + \cdots$$

$$\frac{\frac{(n+1)!}{(n+1)^{(n+1)}}}{\frac{n!}{n^n}} = \frac{n^n * (n+1)!}{n! (n+1)^{(n+1)}} = \frac{n^n * n! (n+1)}{n! (n+1)^{(n+1)}} = \frac{n^n * (n+1)}{(n+1)^n (n+1)} = \left(\frac{n}{n+1}\right)^n.$$

Da $\frac{n}{n+1} < 1$ gilt für alle $n \geq 1$ ist das Kriterium $\frac{u_n}{u_{n-1}} \leq q < 1$ erfüllt.

Für $n \to 0$ folgt: $\left(\frac{n}{n+1}\right)^n \to 0^0$ bzw. „1" ∎

$$\textbf{\textit{Zu 1b)}} \sum_{n=1}^{\infty} \left(\frac{n^k}{2^n} \right) = \frac{1^k}{2} + \frac{2^k}{2^2} + \frac{3^k}{2^3} + \cdots + \frac{(n-1)^k}{2^{n-1}} + \frac{n^k}{2^n} + \cdots$$

$$\frac{\dfrac{n^k}{2^n}}{\dfrac{(n-1)^k}{2^{n-1}}} = \frac{n^k * (2^{n-1})}{(n-1)^k * 2^n} = \frac{n^k * 2^n * 2^{-1}}{(n-1)^k * 2^n} = \frac{n^k * 2^{-1}}{(n-1)^k} = \frac{1}{2} \left(\frac{n}{n-1} \right)^k$$

Da $\left(\frac{n}{n-1} \right) \to 1$ **konvergiert, gilt:**

$$\frac{\dfrac{n^k}{2^n}}{\dfrac{(n-1)^k}{2^{n-1}}} \to q = \frac{1}{2} (1)^k = \frac{1}{2} < 1 \blacksquare$$

$$\textbf{\textit{Zu 1c)}} \sum_{n=1}^{\infty} \left(\frac{n!}{k^n} \right) = \frac{1}{k} + \frac{2}{k^2} + \frac{6}{k^3} + \cdots + \frac{(n-1)!}{k^{n-1}} + \frac{n!}{k^n} + \frac{(n+1)!}{k^{n+1}} + \cdots$$

mit beliebigem $k \in \mathbb{N}$

$$\frac{u_n}{u_{n-1}} = \frac{\dfrac{(n+1)!}{k^{n+1}}}{\dfrac{n!}{k^n}} = \frac{(n+1)! * k^n}{n! * k^{n+1}} = \frac{n! * (n+1) * k^n}{n! * k^n * k} = \frac{n+1}{k} > 1$$

für $n > k - 1$.

D.h. ab $n >$ **als die feste Zahl** $(k - 1)$ **divergiert die Summe. Keine Konvergenz**∎

$$\textbf{\textit{Zu 1d)}} \sum_{j=1}^{\infty} \left(\frac{z^j}{j!} \right) = z + \frac{z^2}{2} + \frac{z^3}{6} + \cdots + \frac{z^{j-1}}{(j-1)!} + \frac{z^j}{j!} + \frac{z^{j+1}}{(j+1)!} + \cdots$$

$$\frac{u_n}{u_{n-1}} = \frac{z^{j+1}/(j+1)!}{z^j/j!} = \frac{z^j * z * j!}{j! * (j+1) * z} = \frac{z}{j+1} < 1$$

Für alle $z < j + 1$ **bzw. für alle** $j > z - 1$.

Da z **beliebig, aber fest folgt, der Term konvergiert.**

Erweiterung auf imaginäre Zahlen: $z = x + iy$.

$$\Rightarrow d) \sum_{j=1}^{\infty} \left(\frac{z^j}{j!}\right) = \sum_{j=1}^{\infty} \frac{(x+iy)^j}{j!}$$

Mit dem Kriterium:

$$\frac{u_{n+1}}{u_n} \leq q < 1 \text{ folgt } \frac{(x+iy)^{j+1}/(j+1)!}{(x+iy)^j/j!}$$

Ausmultiplizieren:

$$\frac{u_{n+1}}{u_n} = \frac{(x+iy)^j * (x+iy) * j!}{(x+iy)^j * j! * (j+1)} = \frac{1}{j+1}(x+iy)$$

Für $j \to \infty \Rightarrow$ Realteil $\frac{x}{j+1} \to 0$ und Imaginärteil $\frac{iy}{j+1} \to 0$. Kriterium erfüllt∎

$$\textbf{\textit{Zu 1e)}} \sum_{j=0}^{\infty} (-1)^j \frac{z^{2j}}{(2j)!}$$

Fallunterscheidung:

1. $j = gerade$. Setze $z^2 = y \Rightarrow$

$$\sum_{j=0}^{\infty} (-1)^j \frac{z^{2j}}{(2j)!} \Rightarrow \sum_{j=0}^{\infty} \frac{y^j}{2j!} < \sum_{j=0}^{\infty} \frac{y^j}{j!}$$

Die Konvergenz dieser Reihe ist in Aufgabe d) bewiesen worden.

2. $j = ungerade$. Setze $z^2 = y \Rightarrow$

$$\sum_{j=0}^{\infty} (-1)^j \frac{z^{2j}}{(2j)!} \Rightarrow \sum_{j=1}^{\infty} -\frac{y^j}{2j!} < \sum_{j=1}^{\infty} -\frac{y^j}{j!} = -\sum_{j=1}^{\infty} \frac{y^j}{j!}$$

Auch hier wieder: Die Konvergenz ist in Aufgabe d) bewiesen worden.

Insgesamt folgt die Konvergenz der Reihe:

$$\sum_{j=0}^{\infty} \left((-1)^j \frac{z^{2j}}{(2j)!}\right)$$

Erweiterung auf komplexe Zahlen: Ähnliche Überlegungen wie unter d):

$$\sum_{j=0}^{\infty}\left((-1)^j \frac{z^{2j}}{(2j)!}\right)$$

Berechne:

$$\frac{u_{n+1}}{u_n} = \frac{(-1)^{j+1}(x+iy)^{2(j+1)}/2(j+1)!}{(-1)^j * (x+iy)^{2j}/(2j)!} = \frac{(-1)^j * (-1) * (x+iy)^{2j} * (x+iy) * (2j)!}{(-1)^j * (x+iy)^{2j} * (2(j+1))!}$$

$$= -\frac{(x+iy)^2}{(2j+1)(2j+2)}$$

Für $j \to \infty \Rightarrow$ Realteil $\to 0$ und Imaginärteil $\to 0$. Kriterium erfüllt∎

Zu 1f) $\displaystyle\sum_{j=0}^{\infty}(-1)^j \frac{z^{2j+1}}{(2j+1)!}$

$$\frac{u_{n+1}}{u_n} = \frac{(-1)^{j+1}(x+iy)^{2(j+1)+1}/2((j+1)+1)!}{(-1)^j * (x+iy)^{2j+1}/(2j+1)!} = -\frac{(x+iy)^{2j+2} * 2((j+1)!}{(x+iy)^{2j+1} * (2(j+1)+1)!} =$$

$$= -\frac{(x+iy)^2 * (2j+1)!}{(2j+1+2)!} = \frac{(x+iy)^2}{(2j+2)(2j+3)}$$

Für $j \to \infty \Rightarrow$ Realteil $\to 0$ und Imaginärteil $\to 0$. Kriterium erfüllt∎

Zu 1g) $\displaystyle\sum_{j=0}^{\infty}(-1)^j \frac{z^{j+1}}{j+1}$

$$\frac{u_n}{u_{n-1}} = \frac{(-1)^j(x+\frac{iy)^{j+1}}{j+1})}{(-1)^{j-1} * (x+\frac{iy)^j}{j}} = \frac{(-1)^j * (x+iy)^j * j * (x-iy)}{(-1)^j * (-1) * (x+iy)^j * (j+1)}$$

$$= -\frac{j}{j+1} * (x+iy)$$

Für $j \to \infty \Rightarrow -\frac{j}{j+1} \to -1$. Kriterium nicht erfüllt∎

Zu 1h) $\displaystyle\sum_{j=0}^{\infty}\binom{\beta}{j}z^j$

41

mit $z \in \mathbb{C}$ mit $|z| < 1, \beta \in \mathbb{R}$

$$\frac{u_{n+1}}{u_n} = \frac{z^{j+1}}{z^j} * \frac{\binom{\beta}{j+1}}{\binom{\beta}{j}} = z * \frac{\binom{\beta}{j+1}}{\binom{\beta}{j}}$$

$$\binom{\beta}{j} = \frac{\beta(\beta-1)(\beta-2)\ldots(\beta-j+1)}{j!}$$

Setze: $j + 1 = k$ $bzw.: j = k - 1$

$$z * \frac{\binom{\beta}{j+1}}{\binom{\beta}{j}} = z * \frac{\frac{\beta(\beta-1)(\beta-2)\ldots(\beta-k)}{k!}}{\frac{\beta(\beta-1)(\beta-2)\ldots(\beta-j+1)}{j!}} = z * \frac{\frac{\beta(\beta-1)(\beta-2)\ldots(\beta-j-1)}{(j+1)!}}{\frac{\beta(\beta-1)(\beta-2)\ldots(\beta-j+1)}{j!}} =$$

$$\frac{u_{n+1}}{u_n} = z * \frac{\beta-j-1}{\beta-j+1} * \frac{j!}{(j+1)!} = z * \frac{\beta-j-1}{\beta-j+1} * \frac{1}{j+1}$$

Zähler und Nenner durch j dividieren:

$$z * \frac{\beta/j - 1 - 1/j}{\beta/j - 1 + 1/j} * \frac{1/j}{1 + 1/j}$$

Für $j \to \infty \Rightarrow \frac{\beta/j - 1 - 1/j}{\beta/j - 1 + 1/j} \to 1$ und $\frac{1/j}{1+1/j} \to 0$. Kriterium erfüllt ■

Aufgabe 2:

2a) Berechnen Sie $\sum_{j=1}^{\infty} \frac{1}{j(j+1)} = \lim_{n \to \infty} \sum_{j=1}^{n} \frac{1}{j(j+1)}$ mit folgender Methode:

Machen Sie den Partialbruchansatz $\frac{1}{j(j+1)} = \frac{A}{j} + \frac{B}{j+1}$, berechnen Sie A und B und damit die

Partialsumme $S_n = \sum_{j=1}^{n} \frac{1}{j(j+1)}$.

2b) Prüfen Sie auf die Konvergenz der Reihenentwicklung:

$$\sum_{j=1}^{\infty} \frac{1}{j^2}$$

Lösung: Partialbruchansatz

$$\frac{1}{j(j+1)} = \frac{A}{j} + \frac{B}{j+1}$$

Multiplikation mit $j(j+1)$:

$$1 = A * (j+1) + B * j = j(A+B) + A.$$

Daraus folgt sofort durch Koeffizientenvergleich:

$j^1 : 0 = A + B \Leftrightarrow A = -B$

$j^0 : 1 = A \Rightarrow b = -1$

$$\Rightarrow \frac{1}{j(j+1)} = \frac{1}{j} - \frac{1}{j+1}$$

$$\Rightarrow \lim_{n \to \infty} \sum_{j=1}^{n} \frac{1}{j(j+1)} = \lim_{n \to \infty} \sum_{j=1}^{n} \left(\frac{1}{j} - \frac{1}{j+1} \right) = \left(1 - \frac{1}{2}\right) + \left(\frac{1}{2} - \frac{1}{3}\right) + \left(\frac{1}{3} - \frac{1}{4}\right) + \cdots$$

$$= \frac{1}{2} + \frac{1}{6} + \frac{1}{12} + \cdots = \frac{1}{2!} + \frac{1}{3!} + \frac{1}{4!} + \cdots = e - 1$$

2b) Für $j \to \infty \Rightarrow \lim_{n \to \infty} j - (j+1) \to 0$. Quotientenkriterium:

$$\frac{u_{n+1}}{u_n} = \frac{\frac{1}{(j+1)^2}}{\frac{1}{j^2}} = \left(\frac{j}{j+1}\right)^2 = \left(\frac{1}{1 + \frac{1}{j}}\right)^2 \leq q < 1$$

$$\Rightarrow \textbf{Konvergenz der Reihe } \sum_{j=1}^{\infty} \frac{1}{j^2} \ \blacksquare$$

Aufgabe 3:

a) Sei $a_0 \geq a_1 \geq \ldots \geq a_n \geq \cdots \geq 0$ und $\lim_{n \to \infty} a_n = 0$. Untersuchen Sie die Partialsummen:

$$S_n := \sum_{j=0}^{n} (-1)^j a_j.$$

Zeigen Sie mit Hilfe einer Skizze, dass gilt:

$S_1 \leq S_3 \leq \ldots \leq S_{2n+1} \leq S_{2n+2} \leq \cdots \leq S_2 \leq S_0$

$\lim_{n \to \infty} S_n = \sup S_{2n+1} = \inf S_{2n+2}.$

b) Schließen Sie auf die Konvergenz der Reihenentwicklung

$$\sum_{j=0}^{\infty} (-1)^j \frac{1}{j+1}$$

Lösung:

$$S_0 = a_0, \; S_1 = a_0 - a_1, S_2 = a_0 - a_1 + a_3, \dots$$

$$S_{2n+2} = a_0 - a_1 + a_3 \pm \cdots + a_{2n+2}$$

$$\dots S_{2n+1} = a_0 - a_1 + a_3 \pm \cdots - a_{2n+1}$$

Skizze:

$$\lim_{n \to \infty} S_n$$

| S_0 | S_2 | S_4 | $\dots$ | $inf S_{2n+2}$ | $= sup S_{2n+1}$ $\dots$ | S_5 | S_3 | S_1 |

Aus der Skizze ist ersichtlich: $sup S_{2n+1}$ **und** $inf S_{2n+2}$ **fallen für** $n \to \infty$ **zusammen** ∎

3b) Zu zeigen: Konvergenz der Reihe

$$\sum_{j=0}^{\infty} (-1)^j \frac{1}{j+1} = 1 - \frac{1}{2} + \frac{1}{3} - \frac{1}{4} \pm \cdots .$$

In 3a) wurde die Konvergenz o.a. der Reihe allgemein und skizzenhaft dargestellt.

Setze:

$$a_j = \frac{1}{j+1}$$

$$\Rightarrow \sum_{j=0}^{\infty} (-1)^j \frac{1}{j+1} = 1 - \frac{1}{2} + \frac{1}{3} - \frac{1}{4} \pm \cdots .$$

$\Rightarrow$ Es existiert ein Grenzwert mit $\lim_{n \to \infty} S_n = sup S_{2n+1} = inf S_{2n+2}$ ∎

Blatt 6: Komplexe Reihenentwicklung

Komplexe Exponenten. Es gibt genau eine Grundzahl a derart, dass $x \mapsto a^x$ in $x = 0$ die Tangentensteigung 1 hat. Diese Zahl wird e genannt. Es gilt: $e = \lim_{n \to \infty} \left(1 + \frac{1}{n}\right)^n$ und $e = 2{,}71828\ldots$.

Es wird die Reihenentwicklung

$$e^x = \sum_{j=0}^{\infty} \frac{x^j}{j!} = 1 + x + \frac{x^2}{2!} + \frac{x^3}{3!} + \cdots$$

für alle $x \in \mathbb{R}$ bewiesen werden. Aus den vorherigen Aufgaben folgt die Konvergenz dieser Reihe sogar für alle $z \in \mathbb{C}$. Diese Reihe wird zur Definition der komplexen Potenz verwendet:

$$e^z := \sum_{j=0}^{\infty} \frac{z^j}{j!} = 1 + z + \frac{z^2}{2!} + \frac{z^3}{3!} + \cdots$$

für alle $z \in \mathbb{C}$.

Entsprechende Reihenentwicklungen für sinus und cosinus für alle $x \in \mathbb{R}$ sind:

$$\sin(x) = \sum_{j=0}^{\infty} (-1)^j \frac{x^{2j+1}}{(2j+1)!} = x - \frac{x^3}{3!} + \frac{x^5}{5!} - \cdots$$

$$\cos(x) = \sum_{j=0}^{\infty} (-1)^j \frac{x^{2j}}{(2j)!} = 1 - \frac{x^2}{2!} + \frac{x^4}{4!} - \cdots$$

Aufgabe 1:

Rechnen Sie nach, dass für alle $x \in \mathbb{R}$ folgendes gilt (Eulersche Formel):

$$e^{ix} = \cos(x) + i\sin(x)$$

Lösung:

$$e^z = \sum_{j=0}^{\infty} \frac{z^j}{j!} = 1 + z + \frac{z^2}{2!} + \frac{z^3}{3!} + \cdots$$

Ersetze: z durch ix:

$$e^{ix} = \sum_{j=0}^{\infty} \frac{(ix)^j}{j!} = 1 + ix + \frac{(ix)^2}{2!} + \frac{(ix)^3}{3!} + \frac{(ix)^4}{4!} + \frac{(ix)^5}{5!} \cdots$$

$$e^{ix} = 1 + \frac{(ix)^2}{2!} + \frac{(ix)^4}{4!} + \cdots + ix + \frac{(ix)^3}{3!} + \frac{(ix)^5}{5!} + \cdots$$

Sortieren nach Real- und Imaginärteil:

$$e^{ix} = 1 - \frac{x^2}{2!} + \frac{x^4}{4!} + \cdots + ix - i\frac{x^3}{3!} - i\frac{x^5}{5!} - \cdots = 1 - \frac{x^2}{2!} + \frac{x^4}{4!} + \cdots + i(x - \frac{x^3}{3!} + \frac{x^5}{5!} - \cdots)$$

Vorgegeben war:

$$\cos(x) = \sum_{j=0}^{\infty} (-1)^j \frac{x^{2j}}{(2j)!} = 1 - \frac{x^2}{2!} + \frac{x^4}{4!} - \cdots$$

$$\sin(x) = \sum_{j=0}^{\infty} (-1)^j \frac{x^{2j+1}}{(2j+1)!} = x - \frac{x^3}{3!} + \frac{x^5}{5!} - \cdots$$

Daraus folgt direkt:

$$e^{ix} = \cos(x) + i\sin(x) \blacksquare$$

Aufgabe 2:

Rechnen Sie nach, dass für alle $z_1, z_2 \in \mathbb{C}$ folgendes gilt:

$$e^{z_1 + z_2} = e^{z_1} * e^{z_2}$$

Lösung:

$$z = x + iy \rightarrow e^z = e^{x+iy} = e^x * e^{iy}.$$

Aus Aufgabe 1 ist bekannt, dass

$$e^{iy} = \cos(y) + i\sin(y)$$

$e^{iy} = \cos(y) + i\sin(y)$ **eingesetzt in** $e^x * e^{iy}$ **ergibt:**

$$e^z = e^x(\cos(y) + i\sin(y)).$$

$$\Rightarrow e^{z_1} * e^{z_2} = e^{x_1}(\cos(y_1) + i\sin(y_1)) * e^{x_2}(\cos(y_2) + i\sin(y_2))$$

$$= e^{x_1+x_2} * (\cos(y_1) + i\sin(y_1)) * (\cos(y_2) + i\sin(y_2))$$

$$= e^{x_1+x_2} * \left((\cos(y_1)\cos(y_2) - sin(y_1)sin(y_2)\right) + i(\cos(y_1)\sin(y_2) + \cos(y_2)\sin(y_1)))$$

Mit den bekannten Umformungen:

$$\cos(y_1)\cos(y_2) - sin(y_1)sin(y_2) = \cos(y_1 + y_2)$$

und

$$\cos(y_1)\sin(y_2) + \cos(y_2)\sin(y_1) = \sin(y_1 + y_2)$$

folgt:

$$e^{z_1} * e^{z_2} = e^{x_1+x_2}((\cos(y_1 + y_2) + i\sin(y_1 + y_2)) = e^{x_1+x_2} * e^{iy_1+iy_2}$$

$$e^{z_1} * e^{z_2} = e^{x_1+x_2+iy_1+iy_2} = e^{x_1+iy_1+x_2+iy_2} = e^{z_1+z_2} \blacksquare$$

Aufgabe 3:

Rechnen Sie nach, dass jedes $z \in \mathbb{C}$ mit $|z| \neq 0$ die folgende Darstellung besitzt:

$z = |z|e^{i\alpha}, \alpha = \arg(z)$

Lösung:

Aus geometrischen Überlegungen (komplexer Einheitskreis) folgt:

$$x = |z|\cos(\alpha); y = |z|\sin(\alpha)$$

$$\Rightarrow z = x + iy = |z|\cos(\alpha) + i|z|\sin(\alpha) = |z|(\cos(\alpha) + i\sin(\alpha)).$$

Aus Aufgabe 1 ist bekannt:

$$\cos(\alpha) + i\sin(\alpha) = e^{i\alpha}$$

Eingesetzt:

$$z = |z|(\cos(\alpha) + i\sin(\alpha)) = |z|e^{i\alpha} \blacksquare$$

Aufgabe 4:

Sei $a \in \mathbb{C}$ mit $|a| \neq 0; a = |a|e^{i\alpha}$.

a) Stellen Sie eine Formel auf für <u>alle</u> Lösungen $z \in \mathbb{C}$ der Gleichung: $z^n = a, n \in \mathbb{N}$.

Hinweis: Jedes derartige z wird mit $\sqrt[n]{a}$ bezeichnet, wobei $\sqrt[2]{a} = \sqrt{a}$ abgekürzt wird.

b) Berechnen Sie alle Werte jeweils von 1) $\sqrt{i}$, 2) $\sqrt[3]{i}$, 3) $\sqrt[3]{-1}$, 4) $\sqrt[3]{1}$, 5) $\sqrt[n]{1}$, $n \in \mathbb{N}$.

Lösung.

Zu 4a) z kann geschrieben werden wie folgt:

$$z = |z|\,(\cos(\alpha) + i\sin(\alpha)) = |z|e^{i\alpha}$$

Daraus folgt:

$$z^n = |z|^n\,(\cos(\alpha) + i\sin(\alpha))^n = |z|^n\,(\cos(n\alpha) + i\sin(n\alpha)) = |z|e^{in\alpha} = a$$

Wähle

$$m = \frac{1}{n}$$

$$\Rightarrow z^m = z^{\frac{1}{n}} = |z|^{\frac{1}{n}}\left(\cos\left(\frac{\alpha}{n}\right) + i\sin\left(\frac{\alpha}{n}\right)\right) = \text{Hauptwert}$$

Die Lösung ist nicht eindeutig, weil $\cos(\alpha) = \cos(\alpha + 2\pi k)$, $k \in \mathbb{N}_0$.

4b) Gesucht sind <u>alle</u> Lösungen der Gleichung $z^n = a$.

$$\Rightarrow \sqrt[n]{z^n} = z = \sqrt[n]{|z|} * \left(\cos\left(\frac{\alpha + 2\pi k}{2}\right) + i\sin\left(\frac{\alpha + 2\pi k}{2}\right)\right) = \sqrt[n]{a}$$

Zu 4b1) Berechne $\sqrt{i}$:

$$n = 2;\, i = \sqrt[2]{-1};\, \alpha = 90° = \frac{\pi}{2}$$

Wähle:

$$z^m = |z|^{\frac{1}{n}}\left(\cos\left(\frac{\alpha}{n}\right) + i\sin\left(\frac{\alpha}{n}\right)\right)$$

$$\Rightarrow \sqrt{i} = \sqrt[2]{|i|} * \left[\cos\left(\frac{\frac{\pi}{2} + 2\pi k}{2}\right) + i\sin\left(\frac{\frac{\pi}{2} + 2\pi k}{2}\right)\right]$$

48

Mit $\sqrt{|i|} = 1$ **folgt:**

$$\sqrt{i} = \cos\left(\frac{\pi}{4} + \pi k\right) + i\sin\left(\frac{\pi}{4} + \pi k\right)$$

1. Lösung:

$$\sqrt{i} = \cos\left(\frac{\pi}{4}\right) + i\sin\left(\frac{\pi}{4}\right); k = 0$$

2. Lösung:

$$\sqrt{i} = \cos\left(\frac{\pi}{4} + \pi\right) + i\sin\left(\frac{\pi}{4} + \pi\right) = \cos\left(\frac{5\pi}{4}\right) + i\sin\left(\frac{5\pi}{4}\right); k = 1$$

Zu 4b2) Berechne: $\sqrt[3]{i}$

$$n = 3; \; \alpha = 90° = \frac{\pi}{2}; \; \sqrt[3]{|i|} = 1; k = 0,1,2$$

$$\Rightarrow \sqrt[3]{i} = \cos\left(\frac{\frac{\pi}{2} + 2\pi k}{3}\right) + i\sin\left(\frac{\frac{\pi}{2} + 2\pi k}{3}\right)$$

1. Lösung:

$$\sqrt[3]{i} = \cos\left(\frac{\pi}{6}\right) + i\sin\left(\frac{\pi}{6}\right), k = 0$$

2. Lösung:

$$\sqrt[3]{i} = \cos\left(\frac{5\pi}{6}\right) + i\sin\left(\frac{5\pi}{6}\right), k = 1$$

3. Lösung:

$$\sqrt[3]{i} = \cos\left(\frac{9\pi}{6}\right) + i\sin\left(\frac{9\pi}{6}\right), k = 2$$

Zu 4b3) Berechne: $\sqrt[3]{1}$

$$n = 3; i = \sqrt[2]{-1}; \; \alpha = 0°; \; \sqrt[3]{|1|} = 1; k = 0,1,2$$

$$\Rightarrow \sqrt[3]{1} = \cos\left(\frac{0 + 2\pi k}{3}\right) + i\sin\left(\frac{0 + 2\pi k}{3}\right)$$

1. Lösung:

$$\sqrt[3]{1} = \cos(0) + i\sin(0) = 1 \, , k = 0$$

2. Lösung:

$$\sqrt[3]{1} = \cos\left(\frac{2\pi}{3}\right) + i\sin\left(\frac{2\pi}{3}\right), k = 1$$

3. Lösung:

$$\sqrt[3]{1} = \cos\left(\frac{4\pi}{3}\right) + i\sin\left(\frac{4\pi}{3}\right), k = 2$$

Zu 4b4) Berechne: $\sqrt[3]{-1}$

$$n = 3; \; \alpha = 180° = \pi; \; \sqrt[3]{|-1|} = 1; k = 0,1,2$$

$$\Rightarrow \sqrt[3]{-1} = \cos\left(\frac{\pi + 2\pi k}{3}\right) + i\sin\left(\frac{\pi + 2\pi k}{3}\right)$$

1. Lösung:

$$\sqrt[3]{-1} = \cos\left(\frac{\pi}{3}\right) + i\sin\left(\frac{\pi}{3}\right), k = 0$$

2. Lösung:

$$\sqrt[3]{-1} = \cos(\pi) + i\sin(\pi) = -1 \, , k = 1$$

3. Lösung:

$$\sqrt[3]{-1} = \cos\left(\frac{5\pi}{3}\right) + i\sin\left(\frac{5\pi}{3}\right), k = 2$$

Zu 4b5) Berechne: $\sqrt[n]{1}$

$$n = n; \; \alpha = 0°; \; \sqrt[n]{|1|} = 1; k = 0,1,2,\dots,n-1$$

$$\Rightarrow \sqrt[n]{1} = \cos\left(\frac{0 + 2\pi k}{n}\right) + i\sin\left(\frac{0 + 2\pi k}{n}\right)$$

1. Lösung:

$$\sqrt[n]{1} = \cos(0) + i\sin(0) = 1, k = 0$$

2. Lösung:

$$\sqrt[n]{1} = \cos\left(\frac{2\pi}{n}\right) + i\sin\left(\frac{2\pi}{n}\right), k = 1$$

3. Lösung:

$$\sqrt[n]{1} = \cos\left(\frac{4\pi}{n}\right) + i\sin\left(\frac{4\pi}{n}\right), k = 2$$

n-te Lösung:

$$\Rightarrow \sqrt[n]{1} = \cos\left(\frac{2\pi(n-1)}{n}\right) + i\sin\left(\frac{2\pi(n-1)}{n}\right); k = n - 1$$

Probe: Sei $k = 2 \Rightarrow n = 3$

$$\Rightarrow \sqrt[3]{1} = \cos\left(\frac{2\pi(3-1)}{3}\right) + i\sin\left(\frac{2\pi(3-1)}{3}\right); k = 2$$

$$\Rightarrow \sqrt[3]{1} = \cos\left(\frac{4\pi)}{3}\right) + i\sin\left(\frac{4\pi)}{3}\right); k = 2$$

Aufgabe 5:

Leiten Sie folgende Formel her:

$$\cos(nx) + i\sin(nx) = \sum_{j=0}^{n} \binom{n}{j} i^j \cos^{n-j}(x)\sin^j(x); x \in \mathbb{R}, n \in \mathbb{N}$$

Lösung:

Aus Aufgabe 4 folgte:

$$\cos(nx) + i\sin(nx) = (\cos(x) + i\sin(x))^n$$

Setze:

$$a = \cos(x); b = \sin(x)$$

Einsetzen in $(\cos(x) + i\sin(x))^n$:

$$(\cos(x) + i\sin(x))^n = (a + b)^n$$

Für diese Form gilt der binomische Satz:

$$= (a+b)^n = \sum_{j=0}^{n} \binom{n}{j} a^{n-j} b^j$$

Daraus folgt sofort Lösung:

$$\cos(nx) + i\sin(nx) = \sum_{j=0}^{n} \binom{n}{j} \cos^{n-j}(x)(i\sin(x))^j = \sum_{j=0}^{n} \binom{n}{j} i^j \cos^{n-j}(x) \sin^j(x) \blacksquare$$

Aufgabe 6:

Seien $x, y \in \mathbb{R}^2, x = (x_1, x_2), y = (y_1, y_2), \|x\| \neq 0, \|y\| \neq 0$, und sei $\varphi = \sphericalangle(x, y)$ der eingeschlossene Winkel von x und y mit $0 \leq \varphi \leq \pi$.

Rechnen Sie mit Hilfe der Additionstheoreme von *sinus* und *cosinus* nach, dass folgendes gilt:

$$\langle x, y \rangle = \|x\| \|y\| \cos(\varphi).$$

Hieraus folgt auch für $x, y \in \mathbb{R}^3: \langle x, y \rangle = \|x\| \|y\| \cos(\varphi)$ mit $\varphi = \sphericalangle(x, y)$

Lösung:

$$\langle x, y \rangle = (x_1, x_2) * (y_1, y_2) = x_1 y_1 + x_2 y_2$$

Aus geometrischen Überlegungen (Einheitskreis) ist abzulesen:

$$x_1 = \|x\| \cos(\alpha); \; x_2 = \|x\| \sin(\alpha); \; y_1 = \|y\| \cos(\beta); y_2 = \|y\| \sin(\beta).$$

$$\Rightarrow x_1 y_1 + x_2 y_2 = \|x\| \cos(\alpha) \|y\| \cos(\beta) + \|x\| \sin(\alpha) \|y\| \sin(\beta)$$

Wähle: $\alpha = 0°$ und $\beta = \varphi$

$$\Rightarrow \|x\| \cos(0°) \|y\| \cos(\varphi) + \|x\| \sin(0°) \|y\| \sin(\beta)$$

Da $\cos(0°) = 1$ und $\sin(0°) = 0$:

$$\langle x, y \rangle = \|x\| \|y\| \cos(\varphi) + 0 = \|x\| \|y\| \cos(\varphi) \blacksquare$$

Blatt 7: Gleichungssysteme

Sei $A = \left(a_{jk}\right)_{j,k=1,\ldots,n} = (a_1, \ldots, a_n) = \begin{pmatrix} \bar{a}_1 \\ \vdots \\ \bar{a}_n \end{pmatrix}$ eine $n \times n -$ Matrix

und sei $b = \begin{pmatrix} b_1 \\ \vdots \\ b_n \end{pmatrix} \in \mathbb{R}^n$.

Dann ist $Ax = \begin{pmatrix} a_{11}x_1 + & \cdots + & a_{1n}x_n \\ \vdots & & \vdots \\ a_{n1}x_1 & \cdots & a_{nn}x_n \end{pmatrix} = x_1 a_1 + \cdots + x_n a_n = \begin{pmatrix} \bar{a}_1 x \\ \vdots \\ \bar{a}_n x \end{pmatrix} = b$

ein lineares Gleichungssystem für $x = (x_1, x_2, \ldots, x_n)$. Die Bedingung an x ändert sich nicht, wenn Vielfache einer Zeile von einer anderen Zeile abgezogen oder wenn Zeilen vertauscht werden (elementare Umformungen von $Ax = b$).

Nachfolgend soll versucht werden, das System $Ax = b$ zu lösen.

Aufgabe 1a): Lösen Sie mit dem Verfahren von Gauß folgende Gleichungssysteme:

$$
\begin{array}{rcrcrcl}
x_1 & + & x_2 & + & x_3 & = & 1 \\
 & & 2x_2 & + & 2x_3 & = & 2 \\
 & & -3x_2 & - & -x_3 & = & 3
\end{array}
$$

Lösung:

$$
\begin{pmatrix} 1 & 1 & 1 \\ 0 & 2 & 2 \\ 0 & -3 & -1 \end{pmatrix} \begin{pmatrix} x_1 \\ x_2 \\ x_3 \end{pmatrix} = \begin{pmatrix} 1 \\ 2 \\ 3 \end{pmatrix}
$$

Anwendung des Gaußsches Verfahrens:

$$
\Rightarrow \left(\begin{array}{ccc|c} 1 & 1 & 1 & 1 \\ 0 & 2 & 2 & 2 \\ 0 & -3 & -1 & 3 \end{array} \right)
$$

Hinweis: 2. Zeile mit $\frac{3}{2}$ multiplizieren und zur 3. Zeile addieren:

$$
\Rightarrow \left(\begin{array}{ccc|c} 1 & 1 & 1 & 1 \\ 0 & 2 & 2 & 2 \\ 0 & 0 & 2 & 6 \end{array} \right) \Leftrightarrow \begin{pmatrix} 1 & 1 & 1 \\ 0 & 2 & 2 \\ 0 & 0 & 2 \end{pmatrix} \begin{pmatrix} x_1 \\ x_2 \\ x_3 \end{pmatrix} = \begin{pmatrix} 1 \\ 2 \\ 6 \end{pmatrix}
$$

Aus der 3. Zeile folgt sofort:

$$
2x_3 = 6 \Leftrightarrow x_3 = 3
$$

Eingesetzt in die 2. Zeile folgt:

$$2x_2 + 2x_3 = 2.$$

Mit der obigen Lösung: $x_3 = 3$ folgt:

$$2x_2 + 2*3 = 2 \Leftrightarrow 2x_2 = -4 \Rightarrow x_2 = -2$$

Eingesetzt in die 1. Zeile folgt:

$$x_1 + x_2 + x_3 = x_1 - 2 + 3 = 1 \Rightarrow x_1 = 0$$

Frage: Wie verändert sich dabei die Determinante der Koeffizientenmatrix?

Antwort: Die Determinante der Koeffizientenmatrix ändert sich nicht.

Frage: Wie wird die Determinante einer Dreiecksmatrix berechnet?

Antwort: Die Determinante einer Dreiecksmatrix wird berechnet, indem man das Produkt $\prod_{i=1}^{n} a_{ii} = (a_{11} * a_{22} * a_{33} \dots a_{nn})$ berechnet, wobei n = Zahl der Zeilen und Spalten der Koeffizientenmatrix ist.

Aufgabe 1b):

$$\begin{array}{ccccccc}
x_1 & + & (1+i)x_2 & + & (1-i)x_3 & = & 1 \\
x_1 & & & & & = & 1 \\
& & x_2 & + & x_3 & = & 1
\end{array}$$

Lösung:

Aufsplitten in Real- und Imaginärteil:

$$\begin{array}{ccccccc}
x_1 & + & x_2 & + & x_3 & = & 1 \\
x_1 & & & & & = & 1 \\
& & x_2 & + & x_3 & = & 1
\end{array}$$

und

$$\begin{array}{ccccc}
ix_2 & - & ix_3 & = & 0
\end{array}$$

Aus der Realteil-Matrix folgt:

$$x_1 = 1$$

54

Aus dem Imaginärteil ist folgendes Zwischenergebnis abzulesen:

$$x_2 = x_3$$

Multiplizieren der 1. Zeile der Realmatrix mit (-1) und Addition zur 2. Zeile und anschließender Addition der 2. Zeile zur 3. Zeile führt zur Dreiecksmatrix:

$$\begin{pmatrix} 1 & 1 & 1 & | & 1 \\ 1 & 0 & 0 & | & 1 \\ 0 & 1 & 1 & | & 1 \end{pmatrix} \Leftrightarrow \begin{pmatrix} 1 & 1 & 1 & | & 1 \\ 0 & -1 & -1 & | & 0 \\ 0 & 1 & 1 & | & 1 \end{pmatrix} \Leftrightarrow \begin{pmatrix} 1 & 1 & 1 & | & 1 \\ 0 & -1 & -1 & | & 0 \\ 0 & 0 & 0 & | & 1 \end{pmatrix}$$

Daraus folgt direkt:

$$-x_2 - x_3 = 0 \Leftrightarrow x_2 = -x_3.$$

Andererseits ist $x_2 = x_3$, so dass unmittelbar folgt:

$$x_2 = x_3 = 0.$$

Aus Zeile 1 lässt sich erneut x_1 bestimmen:

$$x_1 + x_2 + x_3 = x_1 + 0 + 0 = 1.$$

Dieses Ergebnis war bereits bekannt.

Aufgabe 1c) Zu lösen ist folgendes Gleichungssystem:

$$\begin{array}{rcrcrcl} -2x_1 & - & 4x_2 & - & 5x_3 & = & \lambda \\ x_1 & - & x_2 & - & x_3 & = & 1 \\ 4x_1 & + & 2x_2 & + & 3x_3 & = & 3 \end{array}$$

Geben Sie die Werte $\lambda \in \mathbb{R}$ an, für die Lösungen existieren und berechnen Sie alle Lösungen.

Lösung:

$$\text{Es sei: } \begin{pmatrix} \lambda \\ 1 \\ 3 \end{pmatrix} = b$$

$$\Rightarrow \begin{pmatrix} -2 & -4 & -5 & | & \lambda \\ 1 & -1 & 1 & | & 1 \\ 4 & 2 & 3 & | & 3 \end{pmatrix}$$

1. Multiplikation der ersten Zeile mit $\frac{1}{2}$ und Addition zur 2. Zeile. Danach Multiplikation der ersten Zeile mit 2 und Addition zur 3. Zeile.

$$= \begin{pmatrix} -2 & -4 & -5 \\ 0 & -3 & -3{,}5 \\ 4 & 2 & 3 \end{pmatrix} \left.\begin{matrix} \lambda \\ 1 + \dfrac{\lambda}{2} \\ 3 \end{matrix}\right) \Leftrightarrow \begin{pmatrix} -2 & -4 & -5 \\ 0 & -3 & -3{,}5 \\ 0 & -6 & -7 \end{pmatrix} \left.\begin{matrix} \lambda \\ 1 + \dfrac{\lambda}{2} \\ 3 + 2\lambda \end{matrix}\right)$$

Nun Multiplikation der 2. Zeile mit (-2) und Addition zur 3. Zeile. Fertig.

$$\begin{pmatrix} -2 & -4 & -5 \\ 0 & -3 & -3{,}5 \\ 0 & 0 & 0 \end{pmatrix} \left.\begin{matrix} \lambda \\ 1 + \dfrac{\lambda}{2} \\ 1 + \lambda \end{matrix}\right)$$

Daraus liest sich sofort der „Rang" der Matrix A ab: Rang(A) = 2. Das Gleichungssystem ist nicht eindeutig lösbar, weil Rang(A) = 2, während Rang (A,b) = 3.

Der 3. Zeile ist zu entnehmen, dass für $\lambda = -1$ Rang(A) = Rang(A,b) = 2 ist und eine Lösung existiert: Es kann eine Variable λ_1 frei gewählt werden:

$$-2x_1 - 4x_2 = -1 + 5x_3$$

$$-3x_2 = \frac{1}{2} + 3{,}5x_3$$

Setze: $x_3 = \lambda_1$ mit λ_1 beliebig, reell.

$$-3x_2 = \frac{1}{2} + 3{,}5\lambda_1$$

$$\Rightarrow x_2 = -\frac{1}{6}(1 + 7\lambda_1)$$

und:

$$-2x_1 - 4(-\frac{1}{6}(1 + 7\lambda_1)) = -1 + 5x_3$$

Auflösen nach x_1:

$$-2x_1 + \frac{2}{3}(1 + 7\lambda_1) = -1 + 5x_3$$

$$x_1 = \frac{1}{6}(5 - \lambda_1)$$

Die Lösungsmenge des Gleichungssystems $Ax = b$ ist somit:

$$L = \left\{ \left(\frac{5}{6}, -\frac{1}{6}, 0\right) + \lambda_1(1,1,1); \; \lambda_1 \text{ beliebig reell} \right\}$$

Die Lösungsmenge des zugehörigen homogenen Gleichungssystems $Ax = b$:

$$L = \{(1,1,-1)\}$$

Adjunkten

Sei $(v_1, v_2, \ldots, v_n)$ eine Permutation von $(1,2,\ldots,n)$, sei $I(v_1, v_2, \ldots, v_n)$ die Anzahl der Paare v_j, v_k mit $j < k$ so, dass $v_j > v_k$ gilt und sei $sgn(v_1, v_2, \ldots, v_n) = (-1)^{I(v_1,v_2,\ldots,v_n)}$ das Signum der Permutation $(v_1, v_2, \ldots, v_n)$. Für eine $n \times n -$ Matrix

$$A = (a_{jk})_{j,k=1,\ldots n} = (a_1, \ldots, a_n) = \begin{pmatrix} \bar{a}_1 \\ \vdots \\ \bar{a}_n \end{pmatrix} \text{ wird die Determinante von } A \text{ definiert durch:}$$

$$|A| = \det |A| = |a_1, \ldots, a_n| := \sum_{(v_1, v_2, \ldots, v_n)} sgn(v_1, v_2, \ldots, v_n) a_{1v_1} a_{2v_2} \ldots a_{nv_n}.$$

Die zugehörige Matrix $D = (d_{jk})_{j,k=1,\ldots n}$ der Adjunkten d_{jk} ist definiert durch:

$$d_{jk} := (-1)^{j+k} \det \begin{pmatrix} \textit{Streiche die } j^{te} \textit{ Zeile und } k^{te} \textit{ Spalte von A und rücke den Rest} \\ \textit{zu einer } (n-1) \times (n-1) - \textit{Matrix zusammen} \end{pmatrix}$$

Sei $D = (d_{jk}) = (d_1, \ldots, d_n) = \begin{pmatrix} \bar{d}_1 \\ \vdots \\ \bar{d}_n \end{pmatrix}$. Dann gilt:

1) $d_1 * a_1 = d_2 * a_2 = \cdots = d_n * a_n = |A|$, $d_j * a_k = 0$ für $j \neq k$,

2) $\bar{d}_1 * \bar{a}_1 = \bar{d}_2 * \bar{a}_2 = \cdots = \bar{d}_n * \bar{a}_n = |A|$, $\bar{d}_j * \bar{a}_k = 0$ für $j \neq k$.

(Zeilen- und Spaltenentwicklung von |A|)

Aufgabe 2:

2a) Rechnen Sie im Fall $n = 3$ nach, dass gilt:

1) $d_1 * a_1 = d_2 * a_2 = \cdots = d_n * a_n = |A|$; **2)** $d_1 * a_1 = 0$; **3)** $\bar{d}_1 * \bar{a}_1 = |A|$;

4) $\bar{d}_1 * \bar{a}_1 = 0$.

Nachzurechnen ist für $n = 3$:

$$d_1 * a_1 = d_2 * a_2 = d_3 * a_3 = |A|$$

Lösung:

Zunächst sind die d_n und $a_n, n = 1, 2, 3$, zu bestimmen:

$$\text{Aus: } \det A = \begin{vmatrix} a_{11} & a_{12} & a_{13} \\ a_{21} & a_{22} & a_{23} \\ a_{31} & a_{32} & a_{33} \end{vmatrix} \text{ folgt:}$$

$$a_1 = (a_{11}, a_{21}, a_{31}); \, a_2 = (a_{12}, a_{22}, a_{32}); \, a_3 = (a_{13}, a_{23}, a_{33});$$

Aus Streichen der 1. Zeile und 1. Spalte und mit $((-1)^{1+1} = 1)$ folgt (d_{11}):

$$(d_{11}) = \begin{vmatrix} a_{22} & a_{23} \\ a_{32} & a_{33} \end{vmatrix}$$

Entsprechend folgen:

$$(d_{12}) = (-1)\begin{vmatrix} a_{21} & a_{23} \\ a_{31} & a_{33} \end{vmatrix}; \qquad (d_{13}) = \begin{vmatrix} a_{21} & a_{22} \\ a_{31} & a_{32} \end{vmatrix}$$

$$(d_{21}) = (-1)\begin{vmatrix} a_{12} & a_{13} \\ a_{32} & a_{33} \end{vmatrix}; \qquad (d_{22}) = \begin{vmatrix} a_{11} & a_{13} \\ a_{31} & a_{33} \end{vmatrix}; \qquad (d_{23}) = (-1)\begin{vmatrix} a_{11} & a_{12} \\ a_{31} & a_{33} \end{vmatrix}$$

$$(d_{31}) = \begin{vmatrix} a_{12} & a_{13} \\ a_{22} & a_{23} \end{vmatrix}; \qquad (d_{32}) = (-1)\begin{vmatrix} a_{11} & a_{13} \\ a_{21} & a_{23} \end{vmatrix}; \qquad (d_{33}) = \begin{vmatrix} a_{11} & a_{12} \\ a_{21} & a_{22} \end{vmatrix}.$$

2a1) Zu zeigen:

$$d_1 * a_1 = (d_{11}, d_{21}, d_{31}) * (a_{11}, a_{21}, a_{31}) = d_{11} * a_{11} + d_{21} * a_{21} + d_{31} * a_{31} = |A|:$$

Lösung:

$$\begin{vmatrix} a_{22} & a_{23} \\ a_{32} & a_{33} \end{vmatrix} * a_{11} + \left((-1)\begin{vmatrix} a_{12} & a_{13} \\ a_{32} & a_{33} \end{vmatrix}\right) * a_{21} + \begin{vmatrix} a_{12} & a_{13} \\ a_{22} & a_{23} \end{vmatrix} * a_{31}$$

$$= (a_{22}a_{33}a_{11} - a_{23}a_{32}a_{11}) - \left((a_{12}a_{33}a_{21} - a_{13}a_{32}a_{21})\right) + (a_{12}a_{23}a_{31} - a_{13}a_{22}a_{31})$$

$$= a_{22}a_{33}a_{11} + a_{13}a_{32}a_{21} + a_{12}a_{23}a_{31} - a_{23}a_{32}a_{11} - a_{12}a_{33}a_{21} - a_{13}a_{22}a_{31} = |A| \blacksquare$$

Völlig identisch, reine Schreibarbeit, zu zeigen, dass

$$d_2 * a_2 = d_3 * a_3 = |A|.$$

$$d_2 * a_2 = (d_{12}, d_{22}, d_{32}) * (a_{12}, a_{22}, a_{32}) = d_{12} * a_{12} + d_{22} * a_{22} + d_{32} * a_{32} = |A|:$$

$$(-1)\begin{vmatrix} a_{21} & a_{23} \\ a_{31} & a_{33} \end{vmatrix} a_{12} + \begin{vmatrix} a_{11} & a_{13} \\ a_{31} & a_{33} \end{vmatrix} a_{22} + (-1)\begin{vmatrix} a_{11} & a_{13} \\ a_{21} & a_{23} \end{vmatrix} a_{32} = |A|$$

und

$$d_3 * a_3 = (d_{13}, d_{23}, d_{33}) * (a_{13}, a_{23}, a_{33}) = d_{13} * a_{13} + d_{23} * a_{23} + d_{33} * a_{33} = |A|.$$

2a2) Zu zeigen:

$$d_1 * a_2 = (d_{11}, d_{21}, d_{31}) * ((a_{12}, a_{22}, a_{32}) = d_{11} * a_{12} + d_{21} * a_{22} + d_{31} * a_{32} = 0.$$

$$\begin{vmatrix} a_{22} & a_{23} \\ a_{32} & a_{33} \end{vmatrix} a_{12} - \begin{vmatrix} a_{12} & a_{13} \\ a_{32} & a_{33} \end{vmatrix} a_{22} + \begin{vmatrix} a_{12} & a_{13} \\ a_{22} & a_{23} \end{vmatrix} a_{32}$$

$$= a_{22}a_{33}a_{12} - a_{23}a_{32}a_{12} - (a_{12}a_{33}a_{22} - a_{13}a_{32}a_{22}) + a_{12}a_{23}a_{32} - a_{13}a_{22}a_{32} = 0 \blacksquare$$

2a3) Zu zeigen:

$$\overline{d_1} * \overline{a_1} = |A|$$

Lösung: Aus

$$|A| = |a_{1,} \dots, a_n| = \begin{vmatrix} \bar{a}_1 \\ \vdots \\ \bar{a}_n \end{vmatrix} = \begin{vmatrix} a_{11} & a_{12} & a_{13} \\ a_{21} & a_{22} & a_{23} \\ a_{31} & a_{32} & a_{33} \end{vmatrix} \text{ folgt:}$$

$$\bar{a}_1 = (a_{11}, a_{12}, a_{13}); \; \bar{a}_2 = (a_{21}, a_{22}, a_{23}); \; \bar{a}_3 = (a_{31}, a_{32}, a_{33})$$

Analog folgt:

$$\bar{d}_1 = (d_{11}, d_{12}, d_{13}); \; \bar{d}_2 = (d_{21}, d_{22}, d_{23}); \; \bar{d}_3 = (d_{31}, d_{32}, d_{33})$$

$$\Rightarrow \bar{d}_1 * \bar{a}_1 = (d_{11}, d_{12}, d_{13}) * (a_{11}, a_{12}, a_{13}) = d_{11}a_{11} + d_{12}a_{12} + d_{13}a_{13}$$

$$= \begin{vmatrix} a_{22} & a_{23} \\ a_{32} & a_{33} \end{vmatrix} a_{11} + (-1)\begin{vmatrix} a_{21} & a_{23} \\ a_{31} & a_{33} \end{vmatrix} a_{12} + \begin{vmatrix} a_{21} & a_{22} \\ a_{31} & a_{32} \end{vmatrix} a_{13}$$

$$= a_{22}a_{33}a_{11} - a_{23}a_{32}a_{11} - (a_{21}a_{33}a_{12} - a_{23}a_{31}a_{12} + a_{21}a_{32}a_{13} - a_{22}a_{31}a_{13} = |A| \blacksquare$$

2a4) Zu zeigen:

$$\overline{d_1} * \bar{a}_2 = 0$$

Lösung:

$$\overline{d_1} * \bar{a}_2 = (d_{11}, d_{12}, d_{13}) * (a_{21}, a_{22}, a_{23}) = d_{11}a_{21} + d_{12}a_{22} + d_{13}a_{23}$$

$$= \begin{vmatrix} a_{22} & a_{23} \\ a_{32} & a_{33} \end{vmatrix} a_{21} + (-1) \begin{vmatrix} a_{21} & a_{23} \\ a_{31} & a_{33} \end{vmatrix} a_{22} + \begin{vmatrix} a_{21} & a_{22} \\ a_{31} & a_{32} \end{vmatrix} a_{23}$$

$$= a_{22}a_{33}a_{21} - a_{23}a_{32}a_{21} - (a_{21}a_{33}a_{22} - a_{23}a_{31}a_{22} + a_{21}a_{32}a_{23} - a_{22}a_{31}a_{23} = 0 \blacksquare$$

2b) Sei $|A| \neq 0, Ax = x_1 a_1 + \cdots + x_n a_n = b$.

Multiplizieren Sie skalar mit d_1 und schließen Sie aus den bisher gerechneten Aufgaben auf:

$$x_1 = |A|^{-1}|b, a_2, \dots, a_n|, x_2 = |A|^{-1}|a_1, b, a_3, \dots, a_n|, \dots, x_n = |A|^{-1}|a_1, a_2, \dots, a_{n-1}, b|$$

(Cramersche Regel)

Lösung:

Aus skalarer Multiplikation von $|A|x$ mit $d_1 = (d_{11}, d_{12}, d_{13})$ folgt:

$$|A|x * d_1 = (x_1 a_1 + \cdots + x_n a_n) * d_1 = b * d_1$$

$$= x_1 a_1 d_1 + x_2 a_2 d_1 + \cdots + x_n a_n d_1 = x_1 a_1 d_1 + 0 + \cdots + 0.$$

In der letzten Aufgabe wurde gezeigt: $a_1 d_1 = |A|$

$$\Rightarrow x_1 a_1 d_1 = x_1 |A| = b * d_1 = (b_1, b_2, b_3)(d_{11}, d_{21}, d_{31}).$$

$$\Rightarrow x_1 = |A|^{-1} * b * d_1$$

$$x_1 = |A|^{-1}(b_1 d_{11} + b_2 d_{21} + b_3 d_{31})$$

$$x_1 = |A|^{-1}(b_1 \begin{vmatrix} a_{22} & a_{23} \\ a_{32} & a_{33} \end{vmatrix} - b_2 \begin{vmatrix} a_{12} & a_{13} \\ a_{32} & a_{33} \end{vmatrix} + b_3 \begin{vmatrix} a_{12} & a_{13} \\ a_{22} & a_{23} \end{vmatrix})$$

$$x_1 = |A|^{-1}(b_1 a_{22} a_{33} - b_1 a_{23} a_{32} - b_2 a_{12} a_{33} + b_2 a_{13} a_{32} + b_3 a_{12} a_{23} - b_3 a_{13} a_{22})$$

$$x_1 = |A|^{-1} \begin{vmatrix} b_1 & a_{12} & a_{13} \\ b_2 & a_{22} & a_{23} \\ b_3 & a_{32} & a_{33} \end{vmatrix} = |A|^{-1}|b, a_2, a_3| \blacksquare$$

Analog zu zeigen für

$$x_2 = |A|^{-1} * b * d_2 = |a_1, b, a_3|.$$

Daraus ist zu schließen, dass diese Rechnung für alle $x_n = |A|^{-1}|a_1, a_2, ..., b|$ gilt.

Beweis: Vollständige Induktion.

Bewiesen: für $n = 3$.

Annahme: Gilt für alle $n \in \mathbb{N}$.

Zu zeigen: Gilt auch für $n = n + 1$.

Lösung:

Aus $Ax = b$ mit $x = (x_1, ..., x_n, x_{n+1})$, $b = (b_1, b_2, ..., b_n, b_{n+1})$ folgt durch Multiplikation mit d_{n+1}:

$$Ax * d_{n+1} = (x_1 a_1 + \cdots + x_{n+1} a_{n+1}) = b * d_{n+1} = x_{n+1} * a_{n+1} * d_{n+1} = b * d_{n+1}.$$

Wie bereits gezeigt wurde, ist $a_{n+1} * d_{n+1} = |A|$.

$$\Rightarrow x_{n+1} = |A|^{-1} * b * d_{n+1}.$$

Setze: $m = n + 1 \Rightarrow$

$$x_m = |A|^{-1} * b * d_m \blacksquare$$

2c) Lösen Sie mit dieser Methode das Gleichungssystem $Ax = b$ mit

$$A = \begin{pmatrix} 1 & 1 & 1 \\ 0 & 2 & 2 \\ 0 & -3 & -1 \end{pmatrix}, b = \begin{pmatrix} 1 \\ 2 \\ 3 \end{pmatrix}$$

Lösung:

$$|A| = -2 + 6 = 4 \neq 0$$

$$x_1 = |A|^{-1} \begin{vmatrix} b_1 & a_{12} & a_{13} \\ b_2 & a_{22} & a_{23} \\ b_3 & a_{32} & a_{33} \end{vmatrix} = \frac{1}{4} \begin{vmatrix} 1 & 1 & 1 \\ 2 & 2 & 2 \\ 3 & -3 & -1 \end{vmatrix} = \frac{1}{4}(-2 + 6 - 6 - (-6 - 2 - 6)) = 0$$

61

$$x_2 = |A|^{-1} \begin{vmatrix} a_{11} & b_1 & a_{13} \\ a_{21} & b_2 & a_{23} \\ a_{31} & b_3 & a_{33} \end{vmatrix} = \frac{1}{4} \begin{vmatrix} 1 & 1 & 1 \\ 0 & 2 & 2 \\ 0 & 3 & -1 \end{vmatrix} = \frac{1}{4}(-2 - 6) = -2$$

$$x_3 = |A|^{-1} \begin{vmatrix} a_{11} & a_{12} & b_1 \\ a_{21} & a_{22} & b_2 \\ a_{31} & a_{32} & b_3 \end{vmatrix} = \frac{1}{4} \begin{vmatrix} 1 & 1 & 1 \\ 0 & 2 & 2 \\ 0 & -3 & 3 \end{vmatrix} = \frac{1}{4}(6 + 6) = 3$$

$$x = (0, -2, 3)\ \blacksquare$$

Blatt 8: Matrizen

Matrixmultiplikation. Seien A und B $n \times n$-Matrizen. Dann ist

$$AB = \begin{pmatrix} \bar{a}_1 b_1 + & \cdots + & \bar{a}_1 b_n \\ \vdots & & \vdots \\ \bar{a}_n b_1 & \cdots & \bar{a}_n b \end{pmatrix} = (Ab_1, \ldots, Ab_n)$$

Das Matrixprodukt von A mit B. Sei $I = \delta_{jk}$ die Einheitsmatrix $\delta_{jk} = \begin{cases} 1 \text{ für } j = k \\ 0 \text{ für } j \neq k \end{cases}$

(Kronecker-Symbol). Dann ist $I = (c_1, \ldots, c_n)$ und $AI = IA = A$.

A^{-1} mit $AA^{-1} = I$ heißt die zu A inverse Matrix. Es folgt dann auch $A^{-1}A = I$. Die Matrix A^T (Transponierte von A) entsteht durch Spiegelung der Matrix an der Hauptdiagonalen.

Aufgabe 1: Berechnen Sie die inverse Matrix $X = A^{-1}$ für die Matrizen

$$a) \; A = \begin{pmatrix} 2 & 0 \\ 3 & 1 \end{pmatrix}, \; b) \; A = \begin{pmatrix} 2 & 1 \\ 3 & 1 \end{pmatrix}, \; c) \; A = \begin{pmatrix} 1 & 0 & 1 \\ 0 & 1 & 0 \\ 0 & 1 & 1 \end{pmatrix}$$

aus dem Ansatz $AX = I$. Rechnen Sie nach, dass $AA^{-1} = I$ und $A^{-1}A = I$ gilt:

Lösung: Zu 1a)

$$\text{Mit } A = \begin{pmatrix} 2 & 0 \\ 3 & 1 \end{pmatrix} \text{ und } X = \begin{pmatrix} x_{11} & x_{12} \\ x_{21} & x_{22} \end{pmatrix}$$

$$\Rightarrow 2x_{11} + 0x_{21} = 1 \Leftrightarrow 2x_{11} = 1 \; bzw.$$

$$x_{11} = \frac{1}{2}$$

$$2x_{12} + 0x_{22} = 0 \Leftrightarrow 2x_{12} = 0 \; bzw.$$

$$x_{12} = 0$$

$$3x_{11} + 1x_{21} = 0 \Leftrightarrow 3x_{11} = -x_{21} \Rightarrow x_{21} = -3x_{11}.$$

$$x_{11} = \frac{1}{2} \text{ eingesetzt:}$$

$$x_{21} = -\frac{3}{2}$$

$$3x_{12} + 1x_{22} = 1.$$

63

$$x_{12} = 0 \text{ eingesetzt:}$$

$$x_{22} = 1$$

In Matrixschreibweise:

$$X = \begin{pmatrix} \dfrac{1}{2} & 0 \\ -\dfrac{3}{2} & 1 \end{pmatrix}$$

Probe:

$$A * A^{-1} = \begin{pmatrix} 2 & 0 \\ 3 & 1 \end{pmatrix} * \begin{pmatrix} \dfrac{1}{2} & 0 \\ -\dfrac{3}{2} & 1 \end{pmatrix} = \begin{pmatrix} 2*\dfrac{1}{2}+0*\left(-\dfrac{3}{2}\right) & 2*0+0*1 \\ 3*\dfrac{1}{2}+1*\left(-\dfrac{3}{2}\right) & 3*0+1*1 \end{pmatrix} = \begin{pmatrix} 1 & 0 \\ 0 & 1 \end{pmatrix} \blacksquare$$

$$A^{-1} * A = \begin{pmatrix} \dfrac{1}{2} & 0 \\ -\dfrac{3}{2} & 1 \end{pmatrix} * \begin{pmatrix} 2 & 0 \\ 3 & 1 \end{pmatrix} = \begin{pmatrix} \dfrac{1}{2}*2+0*3 & \dfrac{1}{2}*0+0*1 \\ -\dfrac{3}{2}*2+1*3 & -\dfrac{3}{2}*0+1*1 \end{pmatrix} = \begin{pmatrix} 1 & 0 \\ 0 & 1 \end{pmatrix} \blacksquare$$

Lösung zu 1b):

$$A = \begin{pmatrix} 2 & 1 \\ 3 & 1 \end{pmatrix} \text{ und } X = \begin{pmatrix} x_{11} & x_{12} \\ x_{21} & x_{22} \end{pmatrix}$$

Aus $A * X$ folgt das Gleichungssystem:

$$2x_{11} + 1x_{21} = 1 \Leftrightarrow 2x_{11} = 1 - x_{21} \; bzw. \; x_{11} = \frac{1}{2} - \frac{x_{21}}{2}.$$

$$2x_{12} + 1x_{22} = 0 \Leftrightarrow 2x_{12} = -x_{22} \; bzw.$$

$$x_{12} = -\frac{x_{22}}{2}.$$

$$3x_{11} + 1x_{21} = 0 \Leftrightarrow 3x_{11} = -x_{21} \Rightarrow x_{21} = -3x_{11}.$$

$$3x_{12} + 1x_{22} = 1 \Leftrightarrow x_{22} = 1 - 3x_{12}.$$

$$x_{11} = \frac{1}{2} - \frac{x_{21}}{2} = \frac{1}{2} - \frac{-3x_{11}}{2} \Leftrightarrow x_{11} - \frac{3x_{11}}{2} = \frac{1}{2} \Leftrightarrow -\frac{1}{2}x_{11} = \frac{1}{2} \; bzw.$$

$$x_{11} = -1.$$

Aus: $x_{21} = -3x_{11}$ folgt mit diesem Ergebnis sofort:

$$x_{21} = -3*(-1) = 3.$$

Aus:

$$x_{22} = 1 - 3x_{12} \; und \; x_{12} = -\frac{x_{22}}{2}$$

folgt:

$$x_{22} = 1 - 3 * \left(-\frac{x_{22}}{2}\right) = 1 + \left(\frac{3x_{22}}{2}\right) \Leftrightarrow -\frac{1}{2} x_{22} = 1 \; bzw.$$

$$\mathbf{x_{22} = -2}$$

Und letztlich: Aus

$$x_{12} = -\frac{x_{22}}{2} \; und \; x_{22} = -2$$

$$\mathbf{x_{12} = 1}$$

In Matrixschreibweise:

$$A^{-1} = \begin{pmatrix} -1 & 1 \\ 3 & -2 \end{pmatrix}$$

Probe:

$$A * A^{-1} = \begin{pmatrix} 2 & 1 \\ 3 & 1 \end{pmatrix} * \begin{pmatrix} -1 & 1 \\ 3 & -2 \end{pmatrix} = \begin{pmatrix} 2*-1+1*3 & 2*1+1*-2 \\ 3*-1+1*3 & 3*1+1*-2 \end{pmatrix} = \begin{pmatrix} 1 & 0 \\ 0 & 1 \end{pmatrix}$$

$$A^{-1} * A = \begin{pmatrix} -1 & 1 \\ 3 & -2 \end{pmatrix} * \begin{pmatrix} 2 & 1 \\ 3 & 1 \end{pmatrix} = \begin{pmatrix} -1*2+1*3 & -1*1+1*1 \\ 3*2+(-2)*6 & 3*3+(-2)*1 \end{pmatrix} = \begin{pmatrix} 1 & 0 \\ 0 & 1 \end{pmatrix} \blacksquare$$

Lösung zu 1c)

$$A = \begin{pmatrix} 1 & 0 & 1 \\ 0 & 1 & 0 \\ 0 & 1 & 1 \end{pmatrix}, X = \begin{pmatrix} x_{11} & x_{12} & x_{13} \\ x_{21} & x_{22} & x_{23} \\ x_{31} & x_{32} & x_{33} \end{pmatrix}, I = \begin{pmatrix} 1 & 0 & 0 \\ 0 & 1 & 0 \\ 0 & 0 & 1 \end{pmatrix}$$

Mit $A * X = I$ folgt das Gleichungssystem:

$$1x_{11} + 0x_{21} + 1x_{31} = 1 \Leftrightarrow x_{11} + x_{31} = 1 \qquad (1)$$

$$1x_{12} + 0x_{22} + 1x_{32} = 0 \Leftrightarrow x_{12} = -x_{32} \qquad (2)$$

$$1x_{13} + 0x_{23} + 1x_{33} = 0 \Leftrightarrow x_{13} = -x_{33} \qquad (3)$$

$$0x_{11} + 1x_{21} + 0x_{31} = 0 \Leftrightarrow x_{21} = 0 \qquad (4)$$

$$0x_{12} + 1x_{22} + 0x_{32} = 1 \Leftrightarrow x_{22} = 1 \qquad (5)$$

$$0x_{13} + 1x_{23} + 0x_{33} = 0 \Leftrightarrow x_{23} = 0 \qquad (6)$$

$$0x_{11} + 1x_{21} + 1x_{31} = 0 \Leftrightarrow x_{21} + x_{31} = 0 \qquad (7)$$

$$0x_{12} + 1x_{22} + 1x_{32} = 0 \Leftrightarrow x_{22} + x_{32} = 0 \qquad (8)$$

$$0x_{13} + 1x_{23} + 1x_{33} = 1 \Leftrightarrow x_{23} + x_{33} = 0 \qquad (7)$$

Aus (4) und (7) folgt:

$$x_{31} = 0. \qquad (10)$$

Aus (9) und (6) folgt:

$$x_{33} = 1. \qquad (11)$$

Aus (1) und (10) folgt:

$$x_{11} = 1.$$

Aus (8) und (2) folgt:

$$x_{32} = -1. \qquad (12)$$

Aus (3) und (11) folgt:

$$x_{13} = -1.$$

Aus (2) und (12) folgt:

$$x_{12} = 1$$

bzw:

$$X = \begin{pmatrix} 1 & 1 & -1 \\ 0 & 1 & 0 \\ 0 & -1 & -1 \end{pmatrix}$$

Probe:

$$A * A^{-1} = \begin{pmatrix} 1 & 0 & 1 \\ 0 & 1 & 0 \\ 0 & 1 & 1 \end{pmatrix} * \begin{pmatrix} 1 & 1 & -1 \\ 0 & 1 & 0 \\ 0 & -1 & -1 \end{pmatrix} = \begin{pmatrix} 1+0+1 & 1+0-1 & -1+0-1 \\ 0+0+0 & 0+1+0 & 0+0+0 \\ 0+0+0 & 0+1-1 & 0+0+1 \end{pmatrix}$$

$$A * A^{-1} = \begin{pmatrix} 1 & 0 & 0 \\ 0 & 1 & 0 \\ 0 & 0 & 1 \end{pmatrix}$$

$$A^{-1} * A = \begin{pmatrix} 1 & 1 & -1 \\ 0 & 1 & 0 \\ 0 & -1 & -1 \end{pmatrix} * \begin{pmatrix} 1 & 0 & 1 \\ 0 & 1 & 0 \\ 0 & 1 & 1 \end{pmatrix} = \begin{pmatrix} 1+0+0 & 0+1-1 & 1+0-1 \\ 0+0+0 & 0+1+0 & 0+0+0 \\ 0+0+0 & 0-1+1 & 0+0+1 \end{pmatrix}$$

$$A^{-1} * A = \begin{pmatrix} 1 & 0 & 0 \\ 0 & 1 & 0 \\ 0 & 0 & 1 \end{pmatrix} \blacksquare$$

Aufgabe 2: Sei $A = \begin{pmatrix} a_{11} & a_{12} \\ a_{21} & a_{12} \end{pmatrix}$, $B = \begin{pmatrix} b_{11} & b_{12} \\ b_{21} & b_{12} \end{pmatrix}$.

a) Rechnen Sie nach, dass $|AB| = |A||B|$ gilt (Produktregel für Determinanten).

b) Schließen Sie auf $|A^{-1}| = \frac{1}{|A|}$ im Falle $|A| \neq 0$.

c) Suchen Sie Beispiele für A und B so, dass $AB \neq BA$ gilt.

Lösung zu 2a):

$$|AB| = \left| \begin{pmatrix} a_{11} & a_{12} \\ a_{21} & a_{22} \end{pmatrix} * \begin{pmatrix} b_{11} & b_{12} \\ b_{21} & b_{22} \end{pmatrix} \right| = \left| \begin{pmatrix} a_{11}b_{11} + a_{12}b_{21} & a_{11}b_{12} + a_{12}b_{22} \\ a_{21}b_{11} + a_{22}b_{21} & a_{21}b_{12} + a_{22}b_{22} \end{pmatrix} \right|$$

$$|AB| = (a_{11}b_{11} + a_{12}b_{21})(a_{21}b_{12} + a_{22}b_{22}) - (a_{11}b_{12} + a_{12}b_{22})(a_{21}b_{11} + a_{22}b_{21})$$

$$|AB| = a_{11}b_{11}a_{21}b_{12} + a_{11}b_{11}a_{22}b_{22} + a_{12}b_{21}a_{21}b_{12} + a_{12}b_{21}a_{22}b_{22} - a_{11}b_{12}a_{21}b_{11}$$
$$- a_{11}b_{12}a_{22}b_{21} - a_{12}b_{22}a_{21}b_{11} - a_{12}b_{22}a_{22}b_{21}$$

$$|AB| = a_{11}b_{11}a_{22}b_{22} + a_{12}b_{21}a_{21}b_{12} - a_{11}b_{12}a_{22}b_{21} - a_{12}b_{22}a_{21}b_{11}.$$

Andererseits gilt:

$$|A||B| = \left| \begin{pmatrix} a_{11} & a_{12} \\ a_{21} & a_{22} \end{pmatrix} \right| * \left| \begin{pmatrix} b_{11} & b_{12} \\ b_{21} & b_{22} \end{pmatrix} \right|$$

$$|A||B| = a_{11}b_{11}a_{22}b_{22} + a_{12}b_{21}a_{21}b_{12} - a_{11}b_{12}a_{22}b_{21} - a_{12}b_{22}a_{21}b_{11} \blacksquare$$

2b) Zu schließen:

$$|A^{-1}| = \frac{1}{|A|}$$

Lösung zu 2b)

Aus $AA^{-1} = I$ **und** $|AB| = |A||B|$, **zusammen mit** $|I| = 1$

$$\Rightarrow |AA^{-1}| = |A||A^{-1}| = 1$$

$$\Rightarrow |A^{-1}| = \frac{1}{|A|} \ \blacksquare$$

2c) Suche ein Beispiel so, dass gilt: $AB \neq BA$

Lösung zu 2c):

$$A = \begin{pmatrix} 1 & 2 \\ 3 & 4 \end{pmatrix}, B = \begin{pmatrix} 1 & 0 \\ 1 & 1 \end{pmatrix}$$

$$\Rightarrow AB = \begin{pmatrix} 1 & 2 \\ 3 & 4 \end{pmatrix} * \begin{pmatrix} 1 & 0 \\ 1 & 1 \end{pmatrix} = \begin{pmatrix} 1+2 & 0+2 \\ 2+3 & 0+3 \end{pmatrix} = \begin{pmatrix} 3 & 2 \\ 5 & 3 \end{pmatrix}$$

bzw.

$$BA = \begin{pmatrix} 1 & 0 \\ 1 & 1 \end{pmatrix} * \begin{pmatrix} 1 & 2 \\ 3 & 4 \end{pmatrix} = \begin{pmatrix} 1+0 & 2+0 \\ 1+2 & 2+3 \end{pmatrix} = \begin{pmatrix} 1 & 2 \\ 3 & 5 \end{pmatrix} \neq \begin{pmatrix} 3 & 2 \\ 5 & 3 \end{pmatrix} \ \blacksquare$$

Aufgabe 3: Sei A eine $n \times n$ − Matrix mit $|A| \neq 0$. Schließen Sie aus „Adjunkten", Aufgabe 2, dass folgendes gilt:

$$A^{-1} = |A^{-1}|(d_1, \dots d_n) = |A^{-1}|D^T.$$

Lösung:

Nach Adjunkten, Aufgabe 2, gilt:

$$\bar{a}_j \bar{d}_k = \begin{cases} |A| & \text{für } j = k \\ 0 & \text{für } j \neq k \end{cases}$$

Beweis durch nachrechnen:

1. Teil: Berechne $|A|^{-1} * \left(\bar{d}_1, \dots, \bar{d}_k\right)$; $\bar{d}_1 = (d_{11}, d_{12}, \dots, d_{1n})$

$$|A|^{-1} * \begin{pmatrix} d_{11} & \cdots & d_{n1} \\ \vdots & \ddots & \vdots \\ d_{1n} & \cdots & d_{nn} \end{pmatrix} = \begin{pmatrix} d_{11} & \cdots & d_{1n} \\ \vdots & \ddots & \vdots \\ d_{n1} & \cdots & d_{nn} \end{pmatrix}^T = |A|^{-1} * D^T$$

2. Teil: $A^{-1} = |A| * \left(\bar{d}_1, \dots, \bar{d}_k\right)$; $\bar{d}_1 = (d_{11}, d_{12}, \dots, d_{1n})$

68

$$\text{Mit } \bar{a}_j \bar{d}_k = \begin{cases} |A| & \text{für } j = k \\ 0 & \text{für } j \neq k \end{cases}$$

$$\Rightarrow \bar{a}_j^{-1} * a_j * d_j = \bar{a}_j^{-1} * |A| \Leftrightarrow |A| \bar{a}_j^{-1} = d_j.$$

$$\Rightarrow |A^{-1}| * (\bar{d}_1, \dots, \bar{d}_k) = |A^{-1}| * (\bar{a}_1^{-1} * |A|, \bar{a}_2^{-1} * |A|, \dots, \bar{a}_n^{-1} * |A|) = (\bar{a}_1^{-1}, \bar{a}_2^{-1}, \dots, \bar{a}_n^{-1}) =$$

$$= \begin{pmatrix} \bar{a}_{11}^{-1} & \cdots & \bar{a}_{1n}^{-1} \\ \vdots & \ddots & \vdots \\ \bar{a}_{n1}^{-1} & \cdots & \bar{a}_{nn}^{-1} \end{pmatrix} = A^{-1} \blacksquare$$

Aufgabe 4: Verwenden Sie die Zeilen- und Spaltenentwicklungen in „Adjunkten" Aufgabe 2, zur Berechnung von $\det A$ für $(a, b, c \in \mathbb{R})$:

$$\text{a) } A = \begin{pmatrix} 0 & a & b & 0 \\ -a & 0 & c & 0 \\ -b & -c & 0 & 0 \\ 0 & 0 & 0 & 1 \end{pmatrix}$$

$$\text{b) } A = \begin{pmatrix} 0 & 2 & 3 & -1 \\ 1 & 8 & -1 & -1 \\ 1 & -1 & 0 & -1 \\ 0 & 2 & 6 & 1 \end{pmatrix}$$

$$\text{c) } A = \begin{pmatrix} 1 & 1 & 1 & 1 & 1 \\ 1 & 0 & 0 & 0 & 2 \\ 0 & 1 & 0 & 0 & 3 \\ 0 & 0 & 1 & 0 & 4 \\ 0 & 0 & 0 & 1 & 5 \end{pmatrix}$$

Lösung zu 4a):

Vertausche die 3. Spalte mit der 1. Spalte, dann multipliziere die 1. Zeile mit $\left(-\frac{c}{b}\right)$ und addiere sie zur 2. Zeile:

$$|A| = \begin{vmatrix} \mathbf{0} & a & b & 0 \\ \mathbf{-a} & 0 & c & 0 \\ \mathbf{-b} & -c & 0 & 0 \\ \mathbf{0} & 0 & 0 & 1 \end{vmatrix} = \begin{vmatrix} b & a & 0 & 0 \\ c & 0 & -a & 0 \\ 0 & -c & -b & 0 \\ 0 & 0 & 0 & 1 \end{vmatrix} = \begin{vmatrix} b & a & 0 & 0 \\ 0 & -\dfrac{a*c}{b} & -a & 0 \\ 0 & -c & -b & 0 \\ 0 & 0 & 0 & 1 \end{vmatrix}$$

Dann multipliziere die 2. Zeile mit $-\frac{b}{a}$ und addiere sie zur 3. Zeile; danach vertausche die 3. mit der 4. Zeile:

$$= \begin{vmatrix} b & \frac{a}{a*c} & 0 & 0 \\ 0 & -\frac{a*c}{b} & -a & 0 \\ 0 & 0 & 0 & 0 \\ 0 & 0 & 0 & 1 \end{vmatrix} = \begin{vmatrix} b & \frac{a}{a*c} & 0 & 0 \\ 0 & -\frac{a*c}{b} & -a & 0 \\ 0 & -c & -b & 0 \\ 0 & 0 & 0 & 1 \end{vmatrix} = 0$$

Lösung zu 4b)

Vertausche die ersten beiden Zeilen (Achtung: Minus-Zeichen!), dann multipliziere die erste Zeile mit (-4) und addiere sie zur 2. Zeile.

$$|A| = \begin{vmatrix} 0 & 2 & 3 & -1 \\ 1 & 8 & -1 & 1 \\ 1 & -1 & 0 & -1 \\ 0 & 2 & 6 & 1 \end{vmatrix} = - \begin{vmatrix} 2 & 0 & 3 & -1 \\ 8 & 1 & -1 & 1 \\ -1 & 1 & 0 & -1 \\ 2 & 0 & 6 & 1 \end{vmatrix} = - \begin{vmatrix} 2 & 0 & 3 & -1 \\ 0 & 1 & -13 & 5 \\ -1 & 1 & 0 & -1 \\ 2 & 0 & 6 & 1 \end{vmatrix}$$

Im nächsten Schritt multipliziere die erste Zeile mit 0,5 und addiere sie zur 3. Zeile. Dann multipliziere die 1. Zeile mit (-1) und addiere sie zur 4. Zeile; danach multipliziere die 2. Zeile mit (-1) und addiere sie zur 3. Zeile. Dann multipliziere die 3. Zeile mit $\left(-\frac{6}{29}\right)$ und addiere sie zur 4. Zeile;

$$|A| = - \begin{vmatrix} 2 & 0 & 3 & -1 \\ 0 & 1 & -13 & 5 \\ 0 & 1 & 1,5 & -1,5 \\ 2 & 0 & 6 & 1 \end{vmatrix} = - \begin{vmatrix} 2 & 0 & 3 & -1 \\ 0 & 1 & -13 & 5 \\ 0 & 1 & 14,5 & -6,5 \\ 0 & 0 & 3 & 2 \end{vmatrix} =$$

$$|A| = - \begin{vmatrix} 2 & 0 & 3 & -1 \\ 0 & 1 & -13 & 5 \\ 0 & 0 & 14,5 & -6,5 \\ 0 & 0 & 0 & \frac{97}{29} \end{vmatrix} \cdot$$

Damit hat die Determinante die gewünschte Dreiecksgestalt und lässt sich einfach berechnen:

$$|A| = -\left(2 * 1 * 14,5 * \frac{97}{29}\right) = -97 \blacksquare$$

Lösung zu 4c)

Multipliziere die erste Zeile mit (-1) und addiere sie zur 2. Zeile; dann addiere die 2. Zeile und die 3. Zeile:

$$|A| = \begin{vmatrix} 1 & 1 & 1 & 1 & 1 \\ 1 & 0 & 0 & 0 & 2 \\ 0 & 1 & 0 & 0 & 3 \\ 0 & 0 & 1 & 0 & 4 \\ 0 & 0 & 0 & 1 & 5 \end{vmatrix} = \begin{vmatrix} 1 & 1 & 1 & 1 & 1 \\ 0 & -1 & -1 & -1 & 1 \\ 0 & 1 & 0 & 0 & 3 \\ 0 & 0 & 1 & 0 & 4 \\ 0 & 0 & 0 & 1 & 5 \end{vmatrix} = \begin{vmatrix} 1 & 1 & 1 & 1 & 1 \\ 1 & -1 & -1 & -1 & 1 \\ 0 & 0 & -1 & -1 & 4 \\ 0 & 0 & 1 & 0 & 4 \\ 0 & 0 & 0 & 1 & 5 \end{vmatrix}$$

Addiere Zeile 3 und Zeile 4; im letzten Schritt addiere Zeile 4 und Zeile 5:

$$|A| = \begin{vmatrix} 1 & 1 & 1 & 1 & 1 \\ 1 & -1 & -1 & -1 & 1 \\ 0 & 0 & -1 & -1 & 4 \\ 0 & 0 & 0 & -1 & 8 \\ 0 & 0 & 0 & 1 & 5 \end{vmatrix} = \begin{vmatrix} 1 & 1 & 1 & 1 & 1 \\ 1 & -1 & -1 & -1 & 1 \\ 0 & 0 & -1 & -1 & 4 \\ 0 & 0 & 0 & -1 & 8 \\ 0 & 0 & 0 & 0 & 13 \end{vmatrix}$$

$$|A| = 1 * (-1) * (-1) * (-1) * 13 = -13$$

Aufgabe 5:

Sei A eine nxn − Matrix. Dann bezeichnet $Ax = 0$ mit $0 = (0, \dots, 0)$ ein homogenes Gleichungssystem.

a) Schließen Sie im Falle $|A| \neq 0$, dass es außer $x = (0, \dots, 0)$ keine weiteren Lösungen geben kann.

b) Im Falle $|A| = 0$ folgt aus dem Verfahren von Gauß, dass es unendlich viele Lösungen x von $Ax = 0$ gibt mit $\| x \| \neq 0$.

c) Sei λ eine Zahl mit folgenden Eigenschaften: Es gibt einen Vektor $x \neq (0, \dots, 0)$ derart, dass $Ax = \lambda x$ gilt. (Dann heißt λ Eigenwert von A und x Eigenvektor von A zu Eigenwert λ). Schließen Sie aus 5a) und 5b): λ Eigenwert von $A \Leftrightarrow \det(A - \lambda I) = 0$.

d) Bestimmen Sie alle Lösungen des homogenen Gleichungssystems

$$x_1 + x_2 + x_3 + x_4 = 0$$

$$x_1 + 2x_2 + 3x_3 + 4x_4 = 0$$

$$x_2 + 2x_3 + 3x_4 = 0$$

$$-x_1 + \quad x_3 + 2x_4 = 0$$

Zu 5a) Zu schließen ist, dass es im Falle $|A| \neq 0$ außer $x = (0, \dots, 0)$ keine weiteren Lösungen geben kann.

71

Lösung:

Ansatz: Cramersche Regel.

$$X_1 = |A|^{-1}(O_1, a_2, ..., a_n).$$

Während $|A|^{-1}$ per Definition $\neq 0$ ist, ist $(O_1, a_2, ..., a_n) = 0$, weil $O_1 = 0$ ist.

Analog gilt:

$$X_2 = |A|^{-1}(a_1, O_2, ..., a_n) = 0,$$

$$X_3 = |A|^{-1}(a_1, a_2, O_2, ..., a_n) = 0,$$

$$... X_n = |A|^{-1}(a_1, a_2, ..., O_n) = 0.$$

$$\text{Also: } X_1 = X_2 = \cdots = X_n = 0 \blacksquare$$

Zu 5b) Zu zeigen ist, dass im Falle $|A| = 0$ aus dem Verfahren von Gauß folgt, dass es unendlich viele Lösungen x von $Ax = 0$ gibt mit $\| x \| \neq 0$.

Lösung:

Wenn $|A| = 0$ ist, bedeutet das, der Rang k der Matrix A ($Rg\ A = k$) ist kleiner als die Anzahl der Unbekannten n.

$\Rightarrow$ Man kann $n - k$ Unbekannte völlig willkürlich wählen $\Rightarrow$ das System hat unendlich viele von Null verschiedene Lösungen $\blacksquare$

Zu 5c) Aus 5a) und 5b) ist zu schließen: λ Eigenwert von $A \Leftrightarrow \det(A - \lambda I) = 0$.

Lösung:

$$Ax = (a_1 x_1 + \cdots + a_n x_n) = (\lambda x_1 + \cdots + \lambda x_n)$$

$$\Rightarrow (a_1 x_1 - \lambda x_1 + \cdots + a_n x_n - \lambda x_n) = 0$$

$$\Rightarrow ((a_1 - \lambda)x_1 + \cdots + (a_n - \lambda)x_1) = A'x = 0$$

Weil per Definition $x \neq 0$ folgt: $\det(A') = \det(a - \lambda I) = 0 \blacksquare$

Zu 5d) Bestimmung aller Lösungen des homogenen Gleichungssystems

$$x_1 + x_2 + x_3 + x_4 = 0$$

$$x_1 + 2x_2 + 3x_3 + 4x_4 = 0$$

$$x_2 + 2x_3 + 3x_4 = 0$$

$$-x_1 + \quad x_3 + 2x_4 = 0$$

Lösung: Zu berechnen:

$$\det A = \begin{vmatrix} 1-\lambda & 1 & 1 & 1 \\ 1 & 2-\lambda & 3 & 4 \\ 0 & 1 & 2-\lambda & 3 \\ -1 & 0 & 1 & 2-\lambda \end{vmatrix} = 0$$

Nach dem Gauß-Algorithmus folgt:

$$detA = (1-\lambda)\begin{vmatrix} 2-\lambda & 3 & 4 \\ 1 & 2-\lambda & 3 \\ 0 & 1 & 2-\lambda \end{vmatrix} - \begin{vmatrix} 1 & 3 & 4 \\ 0 & 2-\lambda & 3 \\ -1 & 1 & 2-\lambda \end{vmatrix} + \begin{vmatrix} 1 & 2-\lambda & 4 \\ 0 & 1 & 3 \\ -1 & 0 & 2-\lambda \end{vmatrix}$$

$$-\begin{vmatrix} 1 & 2-\lambda & 3 \\ 0 & 1 & 2-\lambda \\ -1 & 0 & 1 \end{vmatrix} - \begin{vmatrix} 1 & 1 & 1 \\ 1 & 2-\lambda & 3 \\ 0 & 1 & 2-\lambda \end{vmatrix} + (2-\lambda)\begin{vmatrix} (1-\lambda) & 1 & 1 \\ 0 & (2-\lambda) & 3 \\ -1 & 1 & 2-\lambda \end{vmatrix}$$

$$-3\begin{vmatrix} (1-\lambda) & 1 & 1 \\ 0 & 1 & 3 \\ -1 & 0 & 2-\lambda \end{vmatrix} + 4\begin{vmatrix} (1-\lambda) & 1 & 1 \\ 0 & 1 & 2-\lambda \\ -1 & 0 & 1 \end{vmatrix} + 0 - \begin{vmatrix} (1-\lambda) & 1 & 1 \\ 1 & 3 & 4 \\ -1 & 1 & 2-\lambda \end{vmatrix}$$

$$+(2-\lambda)\begin{vmatrix} (1-\lambda) & 1 & 1 \\ 1 & (2-\lambda) & 4 \\ -1 & 0 & 2-\lambda \end{vmatrix} - 3\begin{vmatrix} (1-\lambda) & 1 & 1 \\ 1 & (2-\lambda) & 3 \\ -1 & 0 & 1 \end{vmatrix}$$

$$-(-1)\begin{vmatrix} 1 & 1 & 1 \\ (2-\lambda) & 3 & 4 \\ 1 & (2-\lambda) & 3 \end{vmatrix} + 0 - \begin{vmatrix} (1-\lambda) & 1 & 1 \\ 1 & (2-\lambda) & 4 \\ 0 & 1 & 3 \end{vmatrix}$$

$$+(2-\lambda)\begin{vmatrix} (1-\lambda) & 1 & 1 \\ 1 & (2-\lambda) & 3 \\ 0 & 1 & 2-\lambda \end{vmatrix}.$$

„Leider" muss ausmultipliziert werden:

$$detA = (1-\lambda)\left((2-\lambda)^3 + 4 - 3(2-\lambda) - 3(2-\lambda) \right) - \left((2-\lambda)^2 - 9 + 4(2-\lambda) - 3 \right)$$

73

$$+\big((2-\lambda)-3(2-\lambda)+4\big)-(1-(2-\lambda)^2+3)-((2-\lambda)^2+1-(2-\lambda)-3)$$

$$+(2-\lambda)\big((2-\lambda)^2(1-\lambda)-3+(2-\lambda)-3(1-\lambda)\big)-3((1-\lambda)(2-\lambda)-3+1)$$

$$+4(1-\lambda)-(2-\lambda)+1)+0)-(3(1-\lambda)(2-\lambda)-4+1+3-(2-\lambda)-4(1-\lambda))$$

$$+(2-\lambda)\big((2-\lambda)^2(1-\lambda)-4+(2-\lambda)-(2-\lambda)\big)-3((1-\lambda)(2-\lambda)-3+(2-\lambda)-1)$$

$$+(9+4+(2-\lambda)^2-3-3(2-\lambda)-4(2-\lambda))+0-(3(1-\lambda)(2-\lambda)+1-3-4(1-\lambda))$$

$$+(2-\lambda)\big((2-\lambda)^2(1-\lambda)+1-(2-\lambda)-3(1-\lambda)\big)=0.$$

Dieses ergibt eine Gleichung 4. Ordnung, die ich hier nicht auflisten möchte (reine Schreibarbeit!). Durch „raten" ergeben sich die Eigenwerte schnell wie folgt:

$$\lambda_1=\lambda_2=0;\ \lambda_3=3;\ \lambda_4=4\ .$$

$\lambda_{1,2}=0$:

Der zu $\lambda_{1,2}=0$ gehörende Eigenraum $L_{1,2}$ ist die Lösungsmenge des Gleichungssystems:

$$(A-\lambda_{1,2}I)x=0=\begin{pmatrix}1&1&1&1\\1&2&3&4\\0&1&2&3\\-1&0&1&2\end{pmatrix}$$

Nach dem Gauß-Verfahren folgt:

$$Rg\,(A)=Rg\begin{pmatrix}1&1&1&1\\1&2&3&4\\0&1&2&3\\-1&0&1&2\end{pmatrix}=Rg\begin{pmatrix}1&1&1&1\\0&1&2&3\\0&1&2&3\\0&1&2&3\end{pmatrix}=Rg\begin{pmatrix}1&1&1&1\\1&2&3&4\\0&0&0&0\\0&0&0&0\end{pmatrix}=2.$$

Das heißt, zwei Variable sind frei wählbar: $\mu_{3,4}$. Aus der 1. Zeile folgt:

$$x_1+x_2+x_3+x_4=0\Rightarrow$$

$$x_1=-x_2-x_3-x_4.$$

Aus der 2. Zeile folgt:

$$x_2=-2x_3-3x_4.$$

Setze: $x_3=\mu_1;\ x_4=\mu_2;\ \mu_{1,2}$ beliebig, reell.

$$x_2=-2\mu_1-3\mu_2$$

In $x_1=-x_2-x_3-x_4$ eingesetzt, folgt:

$$\boldsymbol{x_1=2\mu_1+3\mu_2-\mu_1-\mu_2=\mu_1+2\mu_2.}$$

$$L_{1,2} = \{(0,0,0,0) + \mu_1(1,-2,1,0) + \mu_2(2,-3,0,1)\}$$

$\lambda_3 = 3$:

$$(A - \lambda_{1,2}I)x = 0 = \begin{pmatrix} -2 & 1 & 1 & 1 \\ 1 & -1 & 3 & 4 \\ 0 & 1 & -1 & 3 \\ -1 & 0 & 1 & -1 \end{pmatrix}.$$

Addiere die 4. Zeile zur 2. Zeile, dann multipliziere die 1. Zeile mit 0,5 und addiere sie zur 4. Zeile:

$$Rg\,(B) = Rg \begin{pmatrix} -2 & 1 & 1 & 1 \\ 0 & -1 & 4 & 3 \\ 0 & 1 & -1 & 3 \\ -1 & 0 & 1 & -1 \end{pmatrix} = Rg \begin{pmatrix} -2 & 1 & 1 & 1 \\ 0 & -1 & 4 & 3 \\ 0 & 1 & -1 & 3 \\ 0 & -\dfrac{1}{2} & \dfrac{1}{2} & -\dfrac{3}{2} \end{pmatrix}$$

Dann multipliziere die 3. Zeile mit -0,5 und addiere sie zur 4. Zeile. Im letzten Schritt addiere die 2. Zeile zur 3. Zeile.

$$Rg \begin{pmatrix} -2 & 1 & 1 & 1 \\ 0 & -1 & 4 & 3 \\ 0 & 1 & -1 & 3 \\ 0 & 0 & 0 & -3 \end{pmatrix} = Rg \begin{pmatrix} -2 & 1 & 1 & 1 \\ 0 & -1 & 4 & 3 \\ 0 & 0 & 3 & 6 \\ 0 & 0 & 0 & -3 \end{pmatrix}$$

Aus $-3x_4 = 0 \Rightarrow$

$$x_4 = 0.$$

Aus $x_4 = 0$ folgt mit $3x_3 + 6x_4 = 3x_3 = 0 \Rightarrow$

$$x_3 = 0$$

Daraus folgt mit $-x_2 + 4x_3 + 3x_4 = -x_2 = 0 \Rightarrow$

$$x_2 = 0.$$

Daraus folgt $-2x_1 + x_2 + x_3 + x_4 = 0 \Rightarrow$

$$x_1 = 0$$

D.h.: Lösungsmenge $L_3 = \{(0,0,0,0)\}$ (triviale Lösung).

$\lambda_4 = 4$:

$$(A - \lambda_4 I)x = 0 = \begin{pmatrix} -3 & 1 & 1 & 1 \\ 1 & -2 & 3 & 4 \\ 0 & 1 & -2 & 3 \\ -1 & 0 & 1 & -2 \end{pmatrix}.$$

Addiere die 2. Zeile zur 1. Zeile und dann multipliziere die 3. Zeile mit 2 und addiere sie zur 4. Zeile:

$$Rg\,(C) = Rg \begin{pmatrix} -3 & 1 & 1 & 1 \\ 0 & -2 & 3 & 4 \\ 0 & 1 & -2 & 3 \\ 0 & -2 & 4 & 2 \end{pmatrix} = Rg \begin{pmatrix} -3 & 1 & 1 & 1 \\ 0 & -2 & 3 & 4 \\ 0 & 1 & -2 & 3 \\ 0 & 0 & 0 & 8 \end{pmatrix}.$$

Multipliziere die 1. Zeile mit $\frac{1}{3}$ und addiere sie zur 2. Zeile. Dann multipliziere die 2. Zeile mit $\frac{3}{5}$ und addiere sie zur 4. Zeile:

$$Rg \begin{pmatrix} -3 & 1 & 1 & 1 \\ 0 & -5/3 & 10/3 & 13/3 \\ 0 & 1 & -2 & 3 \\ 0 & 0 & 0 & 8 \end{pmatrix} = Rg \begin{pmatrix} -3 & 1 & 1 & 1 \\ 0 & -5/3 & 10/3 & 13/3 \\ 0 & 0 & 0 & 28/5 \\ 0 & 0 & 0 & 8 \end{pmatrix}$$

Schließlich multipliziere die 3. Zeile mit $-40/28$ und addiere sie zur 4. Zeile:

$$Rg(C) = Rg \begin{pmatrix} -3 & 1 & 1 & 1 \\ 0 & -5/3 & 10/3 & 13/3 \\ 0 & 0 & 0 & 28/5 \\ 0 & 0 & 0 & 0 \end{pmatrix} = 3$$

D.h. eine Variable ist frei wählbar = μ_3. μ_3 beliebig wählbar, reell.

Setze: $x_3 = \mu_3 \Rightarrow 28/5 * x_4 = 0 \Rightarrow$

$$x_4 = 0.$$

$\Rightarrow -\frac{5}{3}x_2 + \frac{10}{3}x_3 + \frac{13}{3}x_4 = 0 \Leftrightarrow \frac{5}{3}x_2 = \frac{10}{3}x_3 \Leftrightarrow x_2 = 2x_3$ *bzw.*

$$x_2 = 2\mu_3$$

$$\Rightarrow -3x_1 + x_2 + x_3 + x_4 \Rightarrow -3x_1 + x_2 = -x_3 = -\mu_3.$$

$$\Rightarrow 3x_1 = x_2 + \mu_3 \text{ bzw.}$$

$$x_1 = \frac{1}{3}(x_2 + \mu_3).$$

Mit

$$x_2 = 2\mu_3 \Rightarrow \boldsymbol{x_1} = \frac{1}{3}(2\mu_3 + \mu_3) = \mu_3.$$

$$\boldsymbol{x_1} = \mu_3.$$

$$\Rightarrow \textbf{Lösungsmenge } L_4 = \{(0, 0, 0, 0) + \mu_3(1, 2, 1, 1)\}$$

Aufgabe 6:

Sei $A = \begin{pmatrix} \frac{1}{2} & \frac{5}{2} \\ \frac{5}{2} & \frac{1}{2} \end{pmatrix}$ eine symmetrische 2x2-Matrix. Berechne alle Eigenwerte λ_1, λ_2 von A und

jeweils einen dazugehörigen Eigenvektor s_1 bzw. s_2,

d.h. es soll gelten: $As_1 = \lambda_1 s_1, As_2 = \lambda_2 s_2$.

Lösung:

$det(A - \lambda I) = 0 \Rightarrow$ **Zu berechnen ist:**

$$\begin{vmatrix} \frac{1}{2} - \lambda & \frac{5}{2} \\ \frac{5}{2} & \frac{1}{-2}\lambda \end{vmatrix}$$

Charakteristische Gleichung:

$$(1 - \lambda)^2 - (\frac{5}{2})^2 = 0 \Rightarrow \lambda^2 - \lambda - 6 = 0$$

$$\lambda_{1,2} = \frac{1}{2} \pm \sqrt{\frac{1}{4} + 6}$$

$$\lambda_1 = 3; \ \lambda_2 = -2.$$

Die Eigenwerte von A sind: $\lambda_1 = 3$; $\lambda_2 = -2$

Die Eigenvektoren erhält man durch einsetzen der Eigenwerte in die Eigenwertgleichung:

$$(A - \lambda I)x.$$

$\lambda_1 = 3$:

$$\begin{pmatrix} \frac{1}{2} - 3 & \frac{5}{2} \\ \frac{5}{2} & \frac{1}{2} - 3 \end{pmatrix} x = \begin{pmatrix} -\frac{5}{2} & \frac{5}{2} \\ \frac{5}{2} & -\frac{5}{2} \end{pmatrix} x \Rightarrow x_1 = x_2 \Rightarrow L_1 = \{\mu(1,1)\}$$

Eigenvektor zu $\lambda_1 = 3$: $v_1 = \mu(1,1)$; μ beliebig, reell, $\neq 0$.

$\lambda_1 = -2$:

$$\begin{pmatrix} \frac{1}{2} + 2 & \frac{5}{2} \\ \frac{5}{2} & \frac{1}{2} + 2 \end{pmatrix} x = \begin{pmatrix} \frac{5}{2} & \frac{5}{2} \\ \frac{5}{2} & \frac{5}{2} \end{pmatrix} x \Rightarrow -x_1 = x_2 \Rightarrow L_2 = \{\mu(-1,1)\}$$

Eigenvektor zu $\lambda_2 = -2$: $v_2 = \mu(-1,1)$; μ beliebig, reell, $\neq 0$.

Ende des 1. Teils.

Stichwortverzeichnis